湖北恩施蕈菌图鉴

HUBEI ENSHI XUNJUN TUJIAN

李双龙　吴代坤　万松胜　主编

东北林业大学出版社
Northeast Forestry University Press

·哈尔滨·

图书在版编目（CIP）数据

湖北恩施蕈菌图鉴 / 李双龙，吴代坤，万松胜主编 . —哈尔滨：
东北林业大学出版社，2023.7

ISBN 978-7-5674-3064-8

Ⅰ.①湖⋯　Ⅱ.①李⋯ ②吴⋯ ③万⋯　Ⅲ.①真菌—
恩施土家族苗族自治州—图集　Ⅳ.① Q949.32-64

中国国家版本馆 CIP 数据核字（2023）第 128989 号

责任编辑：吴剑慈
封面设计：新梦渡
出版发行：东北林业大学出版社
　　　　　（哈尔滨市香坊区哈平六道街 6 号　邮编：150040）
印　　装：武汉鑫佳捷印务有限公司
开　　本：880 mm×1230 mm　1/16
印　　张：28.25
字　　数：716 千字
版　　次：2023 年 7 月第 1 版
印　　次：2023 年 7 月第 1 次印刷
书　　号：ISBN 978-7-5674-3064-8
定　　价：268.00 元

《湖北恩施蕈菌图鉴》编写委员会

主　　编　　李双龙　吴代坤　万松胜

参编人员　　（按姓氏汉语拼音首字母排序）

　　　　　　陈贝贝　陈　伟　顿春垚　胡钧恩　李春霖

　　　　　　李　园　刘薇祎　单丹丹　谭怀龙　田海平

　　　　　　向　伟　向朝辉　曾　勇　张　川　张　瑛

　　恩施州位于北纬 30° 黄金线上，号称"湖北最后的秘境"，独特的气候生态条件孕育了种类丰富的大型真菌资源。这些真菌覆盖恩施州 8 个县（市），共采集样本量 918 份，在形态学和条形码基因检测的基础上，共鉴定出大型真菌 417 种，每个种包含个体生境彩照、生物特征、生态环境、采集地点及编号、经济价值，书末附有参考文献、中文名索引和拉丁名索引。本书为武陵山区的真菌生长情况提供了一定的参考价值，为当地菌物资源的采食和开发利用提供了翔实的数据。同时，本书也是湖北省第一本记载区域真菌资源的宝贵工具书，可供相关科研工作者、疾病控制中心、蘑菇爱好者等参考借鉴。

　　恩施州独特的地理环境孕育了种类丰富的大型真菌资源。但是长期以来，关于恩施州大型真菌的调查只是零零星星，调查地点仅局限于某个县的某个点。21世纪初期，汉江师范学院王锋尖教授团队曾在鄂西地区做过相关调查。目前在我国经济快速发展的前提下，随着人民生活水平的不断提高，人民的生命财产安全问题越来越受重视，恩施州盛产各种美味可口的真菌，同时有毒的真菌也趁机兴风作浪，为此，对于恩施州大型真菌开展调查已迫在眉睫。

　　自2021年以来，在恩施州委州政府的大力支持下，在恩施州林业局的领导下，恩施州林业科学研究院一行14人负责开展恩施州8个县（市）的大型真菌资源调查，调查团队翻越了湖北巴东金丝猴国家级自然保护区的三座大山，沿着溪流探索了湖北星斗山国家级自然保护区，跟随护林员探索了神秘的湖北木林子国家级自然保护区，站在湖北七姊妹山国家级自然保护区的山顶见证了大自然的鬼斧神工，踏遍了恩施州几乎所有的林场，涉及大部分典型环境居住区，行程13 000多千米，历时两年时间，研究人员不畏艰难险阻，共获得918份大型真菌标本和6 000多张高清照片。《湖北恩施蕈菌图鉴》就是从中选出了417个物种和858张照片编写而成的。本书标本调查采集方法采用了李玉院士《中国大型菌物资源图鉴》中所介绍的方法，研究人员在实际工作中还对一些技术进行了改进，对大型真菌的鉴定以形态辅助分子检测手段进行，其中分子检测委托中国科学院昆明植物研究所王向华团队以ITS分子标记方法进行。本书包含了每个菌种的生物特征、生态环境、采集地及编号、经济价值、高清子实体及生境照片。

　　在这417个物种中，包括已于2022年全球新发现的物种1个，包括最近几年发现的中国新记录种20多种，湖北省新记录种至少100多种。本书描述的417个物种中，具有食用价值的有76种，具有药用价值的有39种，具有毒性的毒蘑菇79种，具有食药用价值的有21种，其余食毒不明。该书涉及的417个物种的现代分类地位按照真菌索引（Index Fungorum）中最新的系统分类学研究成果进行查证和整理。研究人员在对物种进行形态学和分子鉴定的过程中，还发现了大量不能确定的物种，其中一些可能是新种，后续有待进一步研究考证。

　　在为期两年的大型真菌资源调查过程中，研究人员的工作得到恩施州人民政府的大力支持，调查成果得益于恩施州林业局协调各个县（市）和自然保护区，同时也得到了湖北木林子国家级自然保护区管理局、湖北星斗山国家级自然保护区管理局、湖北七姊妹山国家级自然保护区管理局、湖北巴东金丝猴国家级自然保护区管理局、恩施市林业局、利川市林业局、巴东县林业局、建始县林业局、鹤峰县林业局、宣恩县林业局、咸丰县林业局、来凤县林业局、各县（市）所辖林场的大力支持和帮助。

　　本书在整个调查过程中，得到了中国科学院昆明植物研究所王向华副研究员、汉江师范学院王锋尖教授、湖南师范大学陈作红教授、吉林农业大学图力古尔教授的大力支持和帮助，相关工作得到了恩施日报社黎袁媛记者等媒体朋友的关心与报道。参与资源调查的有吴代坤、李双龙、万松胜、顿春垚、陈贝贝、向伟、李园、张川、刘薇袆、单丹丹、李春霖、陈伟、田海平、曾勇、胡钧恩等，该调查团队由李双龙负责领导，顿春垚负责技术路线，标本的野外拍摄主要由万松胜、李园等完成。在后期整理过程中，还有恩施州林科院及其他单位的同志参加。作者对以上个人和单位致以诚挚的谢意！

　　由于作者能力有限，书中一定存在疏漏和不足之处，恳请读者提出宝贵意见和建议，以便今后修订和完善。

编者

2023 年 5 月

野外考察集锦

2022 年 9 月万松胜、顿春垚在利川

2021 年 6 月李双龙、向伟在咸丰

2022 年 4 月顿春垚、李春霖、单丹丹在鹤峰

2022 年 6 月万松胜、陈伟在利川

2021 年 8 月李双龙、万松胜、
李园在宣恩

2021 年 7 月李双龙、陈贝贝、万松胜在贵阳

鹤峰县燕子乡董家河湖面

鹤峰县五里乡紫荆水库

湖北七姊妹山国家级自然保护区山顶风光

湖北巴东金丝猴国家级自然保护区山顶生境

目录

第一章　概述……………………………………………………………………… 001

第二章　恩施州大型真菌物种描述……………………………………………… 003

1. 球基蘑菇 *Agaricus abruptibulbus* Peck …………………………………… 003

2. 大理蘑菇 *Agaricus daliensis* H.Y. Su & R.L. Zhao ……………………… 004

3. 细丛卷毛柄蘑菇 *Agaricus flocculosipes* R.L. Zhao, Desjardin, Guinb. K.D. Hyde ………… 005

4. 贵州蘑菇 *Agaricus guizhouensis* Y. Gui, Zuo Y. Liu & K.D. Hyde …… 006

5. 菌索蘑菇 *Agaricus lanipes* (Moell. ex Schaeff.) Sing. …………………… 007

6. 细褐鳞蘑菇 *Agaricus moelleri* Wasser ……………………………………… 008

7. 假紫红蘑菇 *Agaricus parasubrutilescens* Callac & R. L. Zhao ………… 009

8. 坚壳田头菇 *Agrocybe putaminum* (Maire) Singer ………………………… 010

9. 皇簇菇 *Agrocybe smithii* Watling & H.E. Bigelow ……………………… 011

10. 白柄鹅膏 *Amanita albidostipes* Y.Y. Cui, Q. Cai & Zhu L. Yang …… 012

11. 橙黄鹅膏 *Amanita citrina* (Schaeff.) Pers. ……………………………… 013

12. 黄环鹅膏 *Amanita citrinoannulata* Y.Y. Cui, Qing Cai & Zhu L. Yang ……… 014

13. 干净鹅膏 *Amanita detersa* Zhu L. Yang, Y.Y. Cui & Q. Cai ………… 015

14. 粉色鹅膏 *Amanita fense* M.Mu & L.P.Tang …………………………… 016

15. 格纹鹅膏 *Amanita fritillaria* (Berk.) Sacc. ……………………………… 017

16. 灰花纹鹅膏 *Amanita fuliginea* Hongo …………………………………… 018

17. 灰褐鹅膏 *Amanita griseofolia* Zhu L.Yang ……………………………… 019

18. 黄蜡鹅膏 *Amanita kitamagotake* N. Endo & A. Yamada ……………… 020

19. 长条棱鹅膏 *Amanita longistriata* S.Imai ………………………………… 021

20. 黄小鹅膏 *Amanita luteoparva* Thongbai, Raspe & K.D. Hyde ……… 022

21. 红褐鹅膏 *Amanita orsonii* ASh Kumar & T.N. Lakh …………………… 023

22. 淡环鹅膏 *Amanita pallidozonata* Y.Y. Cui, Qing Cai & Zhu L. Yang … 024

23. 淡玫红鹅膏 *Amanita pallidorosea* P. Zhang & Zhu L. Yang ………… 025

24. 小豹斑鹅膏 *Amanita parvipantherina* Zhu L. Yang, M. Weiss & Oberw. … 026

25. 高大鹅膏 *Amanita princeps* Corner & Bas ……………………………… 027

26. 假褐云斑鹅膏 *Amanita pseudoporphyria* Hongo ……………………… 028

27. 裂皮鹅膏 *Amanita rimosa* P. Zhang & Zhu L. Yang …………………… 029

28. 赭盖鹅膏 *Amanita rubescens* (Pers.:Fr.) Gray …………………………… 030

29. 暗盖淡鳞鹅膏 *Amanita sepiacea* Imai …………………………………… 031

30. 中华鹅膏 *Amanita sinensis* Zhu L. Yang ………………………………… 032

31. 杵柄鹅膏 *Amanita sinocitrina* Zhu L. Yang, Zuo H.Chen & Z.G.Zhang ·········· 033

32. 球基鹅膏 *Amanita subglobosa* Zhu L. Yang ·········· 034

33. 黄盖鹅膏 *Amanita subjunquillea* S.Imai ·········· 035

34. 苞脚鹅膏 *Amanita volvata* (Perk) Martin ·········· 036

35. 锥鳞白鹅膏 *Amanita virgineoides* Bas ·········· 037

36. 环纹鹅膏 *Amanita zonata* Y.Y. Cui, Qing Cai & Zhu L. Yang ·········· 038

37. 黄小蜜环菌 *Armillaria cepistipes* Velen. ·········· 039

38. 蜜环菌 *Armillaria mellea* (Vahl) P. Kumm. ·········· 040

39. 无华梭孢伞 *Atractosporocybe inornata* (Sowerby) P. Alvarado, G. Moreno & Vizzini ·········· 041

40. 毛木耳 *Auricularia cornea* Ehrenb ·········· 042

41. 东方耳匙菌 *Auriscalpium orientale* P. M. Wang & Zhu L. Yang ·········· 043

42. 耳匙菌 *Auriscalpium vulgare* Gray ·········· 044

43. 粒表金牛肝菌 *Aureoboletus roxanae* (Frost) Klofac ·········· 045

44. 小条孢牛肝菌 *Aureoboletus shichianus* (Teng & L. Ling) G. Wu & Zhu L. Yang ·········· 046

45. 臧氏金牛肝菌 *Aureoboletus zangii* Y.C. Li & Zhu L. Yang ·········· 047

46. 双色牛肝菌 *Bol e tus bicolor* Peck ·········· 048

47. 烟管菌 *Bjerkandera adusta* (Willd. : Fr.) Karst ·········· 049

48. 金黄柄牛肝菌 *Boletus auripes* Peck ·········· 050

49. 血红绒牛肝菌 *Boletus flammans* Dick & Snell ·········· 051

50. 坚肉牛肝菌 *Boletus fraternus* Peck ·········· 052

51. 中国美味牛肝菌 *Boletus meiweiniuganjun* Dentinger ·········· 053

52. 黑斑绒盖牛肝菌 *Boletus nigromaculatus* (Hongo) Har. Takah. ·········· 054

53. 网纹牛肝菌 *Boletus reticulatus* Schaeff. ·········· 055

54. 金条孢牛肝菌 *Boletellus chrysenteroides* (Snell) Snell ·········· 056

55. 夏季灰球 *Bovista aestivalis* (Bonord.)Demoulin ·········· 057

56. 小棕孔菌 *Brunneoporus malicola* Berk. & M.A. Curtis ·········· 058

57. 粘胶角耳 *Calocera viscosa* (Pers.) Bory ·········· 059

58. 白秃马勃 *Calvatia candida* (Rostk.) Holls ·········· 060

59. 头状秃马勃 *Calvatia craniiformis* (Schw.) Fries ·········· 061

60. 锐棘秃马勃 *Calvatia holothurioides* Rebriev ·········· 062

61. 黄盖小脆柄菇 *Candolleomyces candolleanus* (Fr.) D. Wächt. & A. Melzer ·········· 063

62. *Candolleomyces sulcatotuberculosus* (J. Favre) D. Wächt. & A. Melzer ·········· 064

63. *Cantharellus applanatus* D. Kumari, Ram. Upadhyay & Mod.S. ·········· 065

64. *Cantharellus hygrophoroides* S. C. Shao, Buyck & F. Q. Yu ·········· 066

65. 反卷拟蜡孔菌 *Ceriporiopsis semisupina* C.L.Zhao,B.K.Cui & Y.C.Dai ·········· 067

66. 鳞蜡多孔菌 *Cerioporus squamosus* (Huds.) Quél. ·········· 068

67. 一色齿毛菌 *Cerrena unicolor* (Bull.) Murrill ·········· 069

68. 绿盖裘氏牛肝菌 *Chiua virens* (Chiu) Hongo ································ 070

69. 血红铆钉菇 *Chroogomphus rutilus* (Schaeff.) O.K. Mill ················ 071

70. 脆珊瑚菌 *Clavaria fragilis* Holmsk ································ 072

71. 假肉色珊瑚菌 *Clavaria pseudoincarnata* Franchi & M. Marchetti ··········· 073

72. 佐林格珊瑚菌 *Clavaria zollingeri* Lev. ································ 074

73. 晶紫锁瑚菌 *Clavulina amethystina* (Bull.) Donk ················ 075

74. 悦色拟锁瑚菌 *Clavulinopsis laeticolor* (Berk. & M.A. Curtis) R.H. Petersen ··········· 076

75. 皱锁瑚菌 *Clavulina rugosa* (Fr.)Schroes. ································ 077

76. 暗灰红褶菌 *Clitocella obscura* (Pilát) Vizzini, Cons. & M. Marchetti ········· 078

77. 白霜杯伞 *Clitocybe dealbata* (Sow. : Fr.) Gill. ················ 079

78. 多色杯伞 *Clitocybe subditopoda* Peck ································ 080

79. *Collybia brunneola* Vilgalys & O.K. Mill. ································ 081

80. 黄拟金钱菌 *Collybiopsis fulva* J.S. Kim & Y.W. Lim ················ 082

81. 梅内胡裸脚伞 *Collybiopsis menehune* (Desjardin, Halling & Hemmes) R.H. Petersen ······ 083

82. 多纹裸脚伞 *Collybiopsis polygramma* (Mont.) R.H. Petersen ··········· 084

83. 近裸裸脚伞 *Collybiopsis subnuda* (Ellis ex Peck) R.H. Petersen ········· 085

84. 厚集毛菌 *Coltricia crassa* Y.C. Dai ································ 086

85. 魏氏集毛孔菌 *Coltricia weii* Y.C.Dai ································ 087

86. 辛格锥盖伞 *Conocybe singeriana* Hauskn. ································ 088

87. 簇生鬼伞 *Coprinellus disseminatus* (Pers.) J.E. Lange ················ 089

88. 晶粒小鬼伞 *Coprinellus micaceus* (Bull.) Vilgalys, Hopple & Jacq. Johnson ········· 090

89. 辐毛小鬼伞 *Coprinellus radians* (Desm.) Vilgalys, Hopple & Jacq. Johnson ········· 091

90. 吉林拟鬼伞 *Coprinopsis jilinensis* G. Rao, H.N. Zhao, B. Zhang & Y. Li ········· 092

91. 兰氏拟鬼伞 *Coprinopsis laanii* (Kits van Wav.) Redhead, Vilgalys & Moncalvo ········· 093

92. 白绒拟鬼伞 *Coprinopsis lagopus* (Fr.)Redhead,Vilgalys & Moncalvo ········· 094

93. 毛头鬼伞 *Coprinus comatus* (O.F.Mll.) Pers. ················ 095

94. 布氏丝膜菌 *Cortinarius bridgei* Ammirati, Niskanen, Liimat., Bojantchev & L. Fang ········· 096

95. 铬黄靴耳 *Crepidotus crocophyllus* (Berk.) Sacc ················ 097

96. 黏靴耳 *Crepidotus mollis* (Schaeff. : Fr.) Gray ················ 098

97. 球孢靴耳 *Crepidotus sphaerosporus* (Patouillard) J.E. Lange ········· 099

98. 乳白蛋巢菌 *Crucibulum laeve* (Huds.) Kambly ················ 100

99. 奶油栓孔菌 *Cubamyces lactineus* (Berk.) Lücking ················ 101

100. 草地拱顶伞 *Cuphophyllus pratensis* (Pers.) Bon ················ 102

101. 铜色牛肝菌 *Cupreoboletus poikilochromus* (Poder, Cetto & Zuccherelli) Simonini,
Gelardi & Vizzini ································ 103

102. 任氏黑蛋巢菌 *Cyathus renweii* T X Zhou et R.L. Zhao ················ 104

103. 粗糙鳞盖菇 *Cyptotrama asprata* (Berk. & Curt.) Sing ················ 105

104. 深色环伞 *Cyclocybe erebia* (Fr.) Vizzini & Matheny ┈┈┈┈┈┈┈┈┈┈┈┈ 106

105. 皱盖囊皮菌 *Cystoderma amianthinum* (Scop. : Fr.) Fayod ┈┈┈┈┈┈┈┈┈ 107

106. 奥氏囊小伞 *Cystolepiota oliveirae* P. Roux, Paraíso, Maurice, A.‐C.Normand & Fouchier ┈ 108

107. 粪生黄囊菇 *Deconica merdaria* (Fr.) Noordel. ┈┈┈┈┈┈┈┈┈┈┈┈┈ 109

108. 楔盖假花耳 *Dacryopinax sphenocarpa* Shirouzu & Tokum. ┈┈┈┈┈┈┈ 110

109. 粗糙拟迷孔菌 *Daedaleopsis confragosa* (Bort.:Fr.)Schroet ┈┈┈┈┈┈┈┈ 110

110. 栎圆头伞 *Descolea quercina* J. Khan & Naseer ┈┈┈┈┈┈┈┈┈┈┈┈ 111

111. 细长棘刚毛菌 *Echinochaete russiceps* (Berk. & Br.) Reid ┈┈┈┈┈┈┈┈ 112

112. 锐鳞环柄菇 *Echinoderma asperum* (Weinm. : Fr.) Gill ┈┈┈┈┈┈┈┈┈ 113

113. 刺鳞鳞环柄菇 *Echinoderma echinacea* (J.E. Lange) Bon ┈┈┈┈┈┈┈┈ 114

114. 粉褶菌属中的一种 *Entoloma ammophilum* G.M. Jansen, Dima, Noordel. & Vila ┈┈┈┈ 115

115. 蓝柄粉褶蕈 *Entoloma cyanostipitum* Xiao‐Lan He & W.H. Peng ┈┈┈┈┈ 116

116. 尤氏粉褶菌 *Entoloma eugenei* Noordel. & O.V. Morozova, Mycotaxon ┈┈┈┈ 117

117. 石墨粉褶菌 *Entoloma graphitipes* E.Ludw. ┈┈┈┈┈┈┈┈┈┈┈┈┈┈ 118

118. 亨氏粉褶蕈 *Entoloma henricii* E.Horak & Aeberh ┈┈┈┈┈┈┈┈┈┈┈ 119

119. 穆氏粉褶蕈 *Entoloma mougeotii* (Fr.)Hesler ┈┈┈┈┈┈┈┈┈┈┈┈┈ 120

120. 日本粉褶蕈 *Entoloma nipponicum* T. Kasuya, Nabe, Noordel. & Dima ┈┈┈┈ 121

121. *Entoloma velutinum* Hesler ┈┈┈┈┈┈┈┈┈┈┈┈┈┈┈┈┈┈┈┈ 122

122. 极细粉褶蕈 *Entoloma praegracile* Xiao Lan He & T.H.Li ┈┈┈┈┈┈┈ 123

123. 方形粉褶蕈 *Entoloma quadratum* (Berk.&M.A.Curtis)E.Horak ┈┈┈┈┈ 124

124. 玫色粉褶蕈 *Entoloma roseotinctum* Noordel. & Liiv ┈┈┈┈┈┈┈┈┈┈ 125

125. 柄生粉褶蕈 *Entoloma stylophorum* (Berk. & Broome) Sacc ┈┈┈┈┈┈┈ 126

126. *Entoloma tricholomatoideum* (Karstedt & Capelari) Blanco‐Dios ┈┈┈┈┈┈ 127

127. 灰紫粉褶蕈（参照种）*Entoloma cf. violaceum* Murrill ┈┈┈┈┈┈┈┈┈ 128

128. *Entoloma yanacolor* A. Barili, C.W. Barnes & Ordonez ┈┈┈┈┈┈┈┈┈┈ 129

129. 黑耳 *Exidia glandulosa* (Bull.) Fr. ┈┈┈┈┈┈┈┈┈┈┈┈┈┈┈┈┈┈ 130

130. 马尾拟层孔菌 *Fomitopsis massoniana* B.K. Cui, M.L. Han & Shun Liu ┈┈┈ 131

131. 似浅肉色拟层孔菌 *Fomitopsis subfeei* B.K. Cui & M.L.Han ┈┈┈┈┈┈┈┈ 132

132. 肿黄皮菌 *Fulvoderma scaurum* (Lloyd) L.W. Zhou & Y.C. Dai ┈┈┈┈┈┈ 133

133. 淡黄褐卧孔菌 *Fuscoporia gilva* (Schwein.) T. Wagner & M. Fisch. ┈┈┈┈┈ 134

134. 条盖盔孢伞 *Galerina sulciceps* (Berk.) boedijn ┈┈┈┈┈┈┈┈┈┈┈┈ 135

135. 树舌灵芝 *Ganoderma applanatum* (Pers.) Pat ┈┈┈┈┈┈┈┈┈┈┈┈┈ 136

136. 有柄树舌 *Ganoderma gibbosum* (Ness) Pat ┈┈┈┈┈┈┈┈┈┈┈┈┈┈ 137

137. 赤芝 *Ganoderma lucidum* (Leyss.ex Fr.)Karst ┈┈┈┈┈┈┈┈┈┈┈┈┈ 138

138. 褐毛地星 *Geastrum brunneocapillatum* J.O. Sousa, Accioly, M.P. Martín & Baseia ┈┈┈ 139

139. 袋形地星 *Geastrum saccatum* Fr. ┈┈┈┈┈┈┈┈┈┈┈┈┈┈┈┈┈┈ 140

140. 绒皮地星 *Geastrum velutinum* Morgan ┈┈┈┈┈┈┈┈┈┈┈┈┈┈┈┈ 141

141. 深褐褶菌 *Gloeophyllum sepiarium* (Wulfen) P. Karst ···································· 142

142. 粉红铆钉菇 *Gomphidius roseus* (Fr.) Fr. ·· 143

143. 桂花耳 *Guepinia helvelloides* (DC.) Fr. ·· 144

144. *Gymnopus earleae* Murrill ··· 145

145. 栎裸角菇 *Gymnopus dryophilus* (Bull.) Murrill ·· 146

146. 臭味裸柄伞 *Gymnopus dysodes* (Halling) Halling & Mycotaxon ···················· 147

147. 茂盛裸柄伞 *Gymnopus luxurians* (Peck) Murrill ·· 148

148. 褐黄裸柄伞 *Gymnopus ocior* (Bull.) P. Kumm. ·· 149

149. 枝生裸脚伞 *Gymnopus ramulicola* T.H. Li & S.F. Deng ································ 150

150. 黄褐裸伞 *Gymnopilus luteofolius* (Pk.)Sing ·· 150

151. 铅色短孢牛肝菌 *Gyrodon lividus* (Bull. : Fr.) Sacc. ····································· 151

152. 褐圆孔牛肝菌 *Gyroporus castaneus* (Bull.) Quél. ··· 152

153. 黄脚粉孢牛肝菌 *Harrya chromapes* (Frost) Halling et al. ····························· 153

154. 极香黏滑菇 *Hebeloma odoratissimum* Britzelm. ·· 154

155. 大孢滑锈伞 *Hebeloma sacchariolens* Quél. ··· 155

156. 薄蜂窝孔菌 *Hexagonia tenuis* (Fr.) Fr. ·· 156

157. 细丽半小菇 *Hemimycena gracilis* (Quel.) Singer ·· 157

158. 勺形亚侧耳 *Hohenbuehelia petaloides* (Bull.) Schulzer ································· 158

159. 黑斑厚瓤牛肝菌 *Hourangia nigropunctata* (W. F.Chiu)Xue T., Zhu L. Yang ······ 159

160. 尖锥形湿伞 *Hygrocybe acutoconica* (Clements) Sing. ···································· 160

161. 锥形湿伞 *Hygrocybe conica* (Schaeff.) P. Kumm. ··· 161

162. 灰褐湿伞 *Hygrocybe griseonigricans* T.H. Li & C.Q. Wang ························· 162

163. 二孢拟奥德蘑 *Hymenopellis raphanipes* (Berk.) R.H.Petersen ······················ 163

164. 长根菇 *Hymenopellis radicata* (Relhan) R.H. Petersen ·································· 164

165. 刚毛丝毛伏革菌 *Hyphoderma setigerum* (Fr.) DonkHS Donk ······················· 165

166. 簇生垂幕菇 *Hypholoma fasciculare* (Huds.) P. Kumm. ·································· 166

167. 多毛丝盖伞 *Inocybe bongardii* (Weinm.) Quél. ·· 167

168. 拟纤维丝盖伞 *Inocybe fibrosoides* Kühner ·· 168

169. 淡黄丝盖伞 *Inocybe flavella* P. Karst. ·· 169

170. 膝曲丝盖伞 *Inocybe geniculata* Matheny & Bougher ····································· 170

171. 丝盖伞属中的一种 *Inocybe murina* E. Larss., C.L. Cripps & Vauras ··············· 171

172. 尖顶丝盖伞 *Inocybe napipes* J.E. Lange ··· 172

173. 拟星孢丝盖伞 *Inocybe pseudoasterospora* Kühner & Boursier ······················· 173

174. 芳香丝盖伞 *Inocybe redolens* Matheny, Bougher & G. M. Gates ······················ 174

175. 翘鳞蛋黄丝盖伞 *Inocybe squarrosolutea* (CornerE. Horak) Garrido ················ 175

176. 丝盖伞属中的一种 *Inocybe suaveolens* D. E. Stuntz ······································· 176

177. 四角孢丝盖伞 *Inocybe tetragonospora* Kühner ·· 177

178. 荫生丝盖伞 *Inocybe umbratica* Quél. ······178

179. 丝盖伞属中的一种 *Inocybe immigrans* Malloch ······179

180. 毛腿库恩菇 *Kuehneromyces mutabilis* (Schaeff.) Singer & A.H. Sm ······180

181. 紫晶蜡蘑 *Laccaria amethystina* Cooke ······181

182. 泪褶毡毛脆柄菇 *Lacrymaria lacrymabunda* (Bull.) Pat. ······182

183. 东亚乳菇 *Lactarius asiae-orientalis* X.H. Wang ······183

184. 缘囊体乳菇 *Lactarius cheilocystidiatus* X.H. Wang, W.Q. Qin & Fang Wu ······184

185. *Lactarius parallelus* H. Lee, Wisitr. & Y.W. Lim ······185

186. 红汁乳菇 *Lactarius hatsudake* Nobuj. Tanaka ······186

187. 李玉乳菇 *Lactarius liyuanus* X.H. Wang, S. Q. Cao, W. Q. Qin ······187

188. *Lactifluus luteolamellatus* H. Lee & Y.W. Lim ······188

189. 黄美乳菇 *Lactarius mirus* X.H. Wang, W.Q. Qin, Z.H Chen, W.Q. Deng & Z. Wang ······189

190. 欧姆斯乳菇 *Lactarius oomsisiensis* Verbeken & Halling ······190

191. 近大西洋乳菇 *Lactarius subatlanticus* X.H. Wang ······191

192. 近短柄乳菇 *Lactarius subbrevipes* X.H. Wang ······192

193. 近毛脚乳菇 *Lactarius subhirtipes* X.H. Wang ······193

194. *Lactarius crassus* (Singer & A.H. Sm.) Pierotti ······194

195. 鲜艳乳菇 *Lactarius vividus* X.H.Wang,Nuytinck & Verbeken ······195

196. 多汁乳菇 *Lactifluus volemus* (Fr.) Kuntze ······196

197. 粉绿多汁乳菇 *Lactifluus glaucescens* Crossl ······197

198. 长绒多汁乳菇 *Lactifluus pilosus* (Verbeken, H.T. Le & Lumyong) Verbeken ······198

199. 宽褶黑乳菇 *Lactifluus gerardii* (Peck) Kuntze ······199

200. *Lactifluus quercicola* H. Lee & Y.W. Lim ······200

201. 大盖兰茂牛肝菌 *Lanmaoa macrocarpa* N.K. Zeng et al. ······201

202. 红盖兰茂牛肝菌 *Lanmaoa rubriceps* N.K. Zeng&Hui Chai ······202

203. 橙黄疣柄牛肝菌 *Leccinum aurantiacum* (Bull.) Gray ······203

204. 熊果疣柄牛肝菌 *Leccinum manzanitae* Thiers ······204

205. 疣柄牛肝属中的一种 *Leccinellum pseudoscabrum* (Kallenb.) Mikšík ······205

206. 皱盖疣柄牛肝菌 *Leccinellum rugosiceps* (Peck) C. Hahn ······206

207. 微黄木瑚菌 *Lentaria byssiseda* Pers Coener ······207

208. 香菇 *Lentinula edodes* (Berk.)Pegler ······208

209. 帕氏木瑚菌 *Lentaria patouillardii* (Bres.) Corner et al. ······209

210. 翘鳞香菇 *Lentinus squarrosulus* Mont ······210

211. 漏斗多孔菌 *Lentinus arcularius* (Batsch) Zmitr. ······211

212. 桦褶孔菌 *Lenzites betulinus* (L.) Fr. ······212

213. 柔软细长孔菌 *Leptoporus mollis* (Pers.) Quél. ······213

214. 栗色环柄菇 *Lepiota castanea* Quél. ······214

215. 环柄菇属中的一种 *Lepiota flammeotincta* Kauffman ················· 215

216. 黑皮环柄菇 *Lepiota fuliginescens* Murrill ······················· 216

217. 梭孢环柄菇 *Lepiota magnispora* Murrill ························· 217

218. 假紫鳞环柄菇 *Lepiota pseudolilacea* Huijsman ····················· 218

219. 暗柄环柄菇 *Lepiota thrombophora* (Berk.& Broome) Sacc. ················· 219

220. 花脸香蘑 *Lepista sordida* (Fr.) Singer ························· 220

221. 具泪白环蘑 *Leucoagaricus dacrytus* Vellinga ····················· 221

222. 带褐白环蘑 *Leucoagaricus infuscatus* Vellinga ····················· 222

223. 粉红白环蘑 *Leucoagaricus marriagei* M.Bon ······················ 222

224. 黑毛白环蘑 *Leucoagaricus melanotrichus* (Malencon & Bertault)Trimbach ········· 223

225. 红盖白环蘑 *Leucoagaricus rubrotinctus* (Peck) Sing. ·················· 224

226. 丝盖白环蘑 *Leucoagaricus serenus* (Fr.) Bon & Boiffard ················· 225

227. 黄色白鬼伞 *Leucocoprinus birnbaumii* (Corda) Singer ················· 226

228. 黄鳞小菇 *Leucoinocybe auricoma* (Har. Takah.) Matheny ················· 227

229. 迷惑马勃 *Lycoperdon decipien* Durieu & Mont. ···················· 227

230. 长柄梨形马勃 *Lycoperdon excipuliforme* (Scop.) Pers. ················· 228

231. 白鳞马勃 *Lycoperdon mammiforme* Pers. ······················· 228

232. 网纹马勃 *Lycoperdon perlatum* Pers. ························· 229

233. 草地横膜马勃 *Lycoperdon pratense* Pers. ······················ 230

234. 烟色离褶伞 *Lyophyllum decastes* (Fr.) Singer ···················· 231

235. 巨囊伞 *Macrocystidia cucumis* (Pers.： Fr.) Kummer ················· 232

236. 脱皮大环柄菇 *Macrolepiota detersa* Z.W. Ge et al. ·················· 233

237. 纯白小皮伞 *Marasmiellus candidus* (Bolt.) Sing. ··················· 234

238. 褐果小皮伞 *Marasmius brunneospermus* Har. Takahashi ················· 235

239. 巨大小皮伞 *Marasmius grandiviridis* Wannathes, Desjardin & Lumyong, Fungal Diversity ··· 236

240. 宽柄小皮伞 *Marasmius laticlavatus* Wannathes, Desjardin & Lumyong, Fungal Diversity ··· 237

241. 大囊小皮伞 *Marasmius macrocystidiosus* Kiyashko & E.F.Malysheva, Phytotaxa ········· 238

242. 大型小皮伞 *Marasmius maximus* Hongo ························ 239

243. 紫红皮伞 *Marasmius pulcherripes* Peck ························ 240

244. 蒜头状微菇 *Mycetinis scorodonius* (Fr.) A.W. Wilson & Desjardin ············ 241

245. 宽褶大金钱菌 *Megacollybia clitocyboidea* (Pers.) Kotl.& Pouzar ············· 242

246. 大金钱菌属中的一种 *Megacollybia marginata* R.H. Petersen，O.V. Morozova & J.L. Mata 243

247. 近灰盖钴囊蘑 *Melanoleuca* aff. *cinereifolia* ····················· 244

248. 灰盖钴囊蘑 *Melanoleuca cinereifolia* (Bon) Bon ··················· 245

249. 克什米尔钴囊蘑 *Melanoleuca kashmirensis* Z. Ullah, Khurshed, Binyamin, Jabeen & Khalid 246

250. 钴囊蘑属中的一种 *Melanoleuca tristis* M.M. Moser ················· 247

251. 近缘小孔菌 *Microporus affinis* (Blume & T.Nees) Kuntze ··············· 248

252. 糠鳞小腹蕈 *Micropsalliota furfuracea* R. L. Zhao, Desjardin, Soytong & K. D. Hyde ········ 249

253. 近黑灰盖孔菌 *Murinicarpus subadustus* (Z.S. Bi et G.Y. Zheng) B.K et al. ·············· 250

254. 竹林蛇头菌 *Mutinus bambusinus* (Zoll.) E. Fisch. ··································· 251

255. 长柄小菇 *Mycena amicta* (Fr.) Quél. ··· 252

256. 红汁小菇 *Mycena haematopus* (Pers.) P. Kumm. ···································· 253

257. 皮尔森小菇 *Mycena pearsoniana* Dennis ex Singer ································· 254

258. 洁小菇 *Mycena pura* (Pers.) P. Kumm. ·· 255

259. 暗褐新牛肝菌 *Neoboletus obscureumbrinus* (Hongo) N.K.Zeng,H.ChaiZhi Q.Liang ······· 256

260. 三河新棱孔菌 *Neofavolus mikawai* (Lloyd) Sotome & T. Hatt ························· 257

261. 实心鸟巢菌 *Nidularia deformis* (Willd.) Fr. ·· 258

262. *Oudemansiela roseopallida* Lodge & Ovrebo ·· 259

263. 树皮生锐孔菌 *Oxyporus corticola* (Fr.) Ryvarden ·································· 260

264. 楔囊锐孔菌 *Oxyporus cuneatus* (Murrill) Aoshima ··································· 261

265. 卷边粘菇 *Paxillus involutus* (Batsch) Fr. ·· 262

266. 淡黄多年卧孔菌 *Perenniporia medulla-panis* (Jacq.) Donk ····························· 263

267. 白赭多年卧孔菌 *Perenniporia ochroleuca* (Berk.) Ryvarden ··························· 263

268. 金盖鳞伞 *Phaeolepiota aurea* (Matt. : Fr.) Maire ·································· 264

269. 鬼笔属中的一种 *Phallus cremeo-ochraceus* T. Li, T.H. Li & W.Q. Deng·············· 265

270. 黄脉鬼笔 *Phallus flavocostatus* Kreisel ··· 266

271. 栗褐多孔菌 *Phellinotus badius* (Cooke) Salvador–Montoya, Popoff & Drechsler–Santos ····· 267

272. 多环鳞伞 *Pholiota multicingulata* E.Horak ··· 268

273. 斑盖褶孔牛肝菌 *Phylloporus maculatus* N.K. Zeng et al.······························ 269

274. 小孢褶孔菌 *Phylloporus parvisporus* Corner ·· 270

275. 云南褶孔牛肝菌 *Phylloporus yunnanensis* N.K. Zeng et al. ··························· 271

276. 黄褐黑斑根孔菌 *Picipes badius* (Pers.) Zmitr. & Kovalenko····························· 272

277. 黑柄多孔菌属中的一种 *Picipes subdictyopus* (H. Lee, N.K. Kim & Y.W. Lim) B.K.
Cui, Xing Ji & J.L. Zhou ·· 273

278. 拟黑柄黑斑根孔菌 *Picipes submelanopus* (H.J. Xue & L.W. Zhou) J.L. Zhou & B.K. Cui ··· 274

279. 梭伦小剥管孔菌 *Piptoporellus soloniensis* (Dubois) B.K. Cui, M.L. Han & Y.C. Dai ······· 275

280. 桃红侧耳 *Pleurotus djamor* (Rumph.) Boedijn ······································ 276

281. 肺形侧耳 *Pleurotus pulmonarius* (Fr.) Quél.··· 277

282. 白柄光柄菇 *Pluteus albostipitatus* (Dennis)Singer ·································· 278

283. 稀茸光柄菇 *Pluteus tomentosulus* Peck ·· 279

284. 多变光柄菇 *Pluteus varius* E.F. Malysheva, O.V. Morozova & A.V. Alexandrova ············ 280

285. 软异薄孔菌 *Podofomes mollis* (Sommerf.) Gorjón ···································· 281

286. 亮褐柄杯菌 *Podoscypha fulvonitens* (Berk.) D.A. Reid································ 281

287. 朝鲜多孔菌 *Polyporus koreanus* H. Lee, N. K. Kim & Y. W. Lim ······················ 282

288. 莽山多孔菌 *Polyporus mangshanensis* B. K. Cui, J. L. Zhou & Y. C. Dai ················· 283

289. 理坡瑞多孔菌 *Polyporus leprieurii* Mont. ···················· 284

290. 近网柄多孔菌 *Polyporus subdictyopus* H. Lee, N. K. Kim & Y. W. Lim ················· 285

291. 脐状皮孔菌 *Porotheleum omphaliiforme* (Kuhner) Vizzini, Consiglio & M. Marchetti ········ 286

292. 绒毛波斯特孔菌 *Postia hirsuta* L.L. Shen & B.K. Cui ·················· 287

293. 阿玛拉小脆柄菇 *Psathyrella amaura* (Berk. & Broome) Pegler ·················· 288

294. 微小脆柄菇 *Psathyrella pygmaea* (Bull.) Singer ···················· 289

295. 小脆柄菇属中的一种 *Psathyrella ramicola* A. H. Sm. ···················· 290

296. 褐黄小脆柄菇 *Psathyrella subnuda*（P.Karst.）A.H.Sm. ···················· 291

297. 胶质刺银耳 *Pseudohydnum gelatinosum* (Scop.) P. Karst ···················· 292

298. 毛腿拟湿柄伞 *Pseudohydropus floccipes* (Fr.) Vizzini & Consiglio comb. ··········· 293

299. 光囊假皮伞 *Pseudomarasmius glabrocystidiatus* (Antonin, Ryoo & Ka) R.H. Petersen ······ 294

300. 波纹伪干朽菌 *Pseudomerulius curtisii* (Berk.) Redhead & Ginns ···················· 295

301. 成堆假伞 *Pseudosperma sororium* (Kauffman) Matheny & Esteve−Rav. ··········· 296

302. 淡红粉末牛肝菌 *Pulveroboletus subrufus* N. K. Zeng & Zhu L. Yang ···················· 297

303. 粗环点革菌 *Punctularia strigosozonata* Schwei P.H.B.Talbot ···················· 298

304. 灰雀伞 *Pyrrhulomyces astragalinus* (Fr.) E.J. Tian & Matheny ···················· 299

305. 细顶枝瑚菌 *Ramaria gracilis* (Fr.) Quél. ···················· 300

306. 空柄根伞 *Rhizocybe vermicularis* (Fr.) Vizzini, P. Alvarado, G. Moreno & Consiglio ········ 301

307. 乳酪状红金钱菌 *Rhodocollybia butyracea* (Bull.) Lennox ···················· 302

308. 斑粉金钱菌 *Rhodocollybia maculata* (Alb. & Schwein.) Singer ···················· 303

309. 毛缘菇 *Ripartites tricholoma* (Alb.&Schwein.)P.Karst. ···················· 304

310. 近葡萄酒色红菇 *Russula* aff. *vinacea* Burl. ···················· 305

311. 大红菇 *Russula alutacea* (Pers.) Fr. ···················· 306

312. 橙黄红菇 *Russula aurantioflava* Kiran & Khalid ···················· 307

313. 天蓝红菇 *Russula azurea* Bres. ···················· 308

314. 伯氏红菇 *Russula burlinghamiae* Singer ···················· 309

315. 蜡质红菇 *Russula cerea* (Soehner) J.M. Vidal ···················· 310

316. 裘氏红姑 *Russula chiui* G. J. Li & H. A. Wen ···················· 311

317. 红菇属中的一种 *Russula chlorineolens* Trappe & T.F. Elliott ···················· 312

318. 蜜黄菇 *Russula citrina* Gillet ···················· 313

319. 赤黄红菇 *Russula compacta* Frost & Peck ···················· 314

320. 奶油色红菇 *Russula cremicolor* G.J. Li & C.Y. Deng ···················· 315

321. 黄斑绿菇 *Russula crustosa* Peck ···················· 316

322. 花盖红菇 *Russula cyanoxantha* (Schaeff.) Fr. ···················· 317

323. 密褶红菇 *Russula densifolia* Secr. ex Gillet ···················· 318

324. 臭红菇 *Russula foetens* Pers. ···················· 319

325. 异褶红菇 *Russula heterophylla* (Fr.) Fr. ·················· 320

326. 日本红菇 *Russula japonica* Hongo ·················· 321

327. 红菇属中的一种 *Russula laccata* Huijsman ·················· 322

328. 拉汗帕利红菇 *Russula lakhanpalii* A. Ghosh, K. Das & R.P. Bhatt ·················· 323

329. 拟臭黄菇 *Russula laurocerasi* Melzer ·················· 324

330. 白果红菇 *Russula leucocarpa* G.J. Li & C.Y. Deng ·················· 325

331. 稀褶黑菇 *Russula nigricans* (Bull.) Fr. ·················· 326

332. 桃红菇 *Russula persicina* Krombh. ·················· 327

333. 斑柄红菇 *Russula punctipes* Sing. ·················· 328

334. 罗梅尔红菇 *Russula romellii* Maire, Bull. Soc. mycol. Fr. ·················· 328

335. 玫瑰红菇 *Russula rosacea* (Bull.) Fr. ·················· 329

336. 红色红菇 *Russula rosea* Quél. ·················· 330

337. 红白红菇 *Russula rubroalba* (Singer) Romagn ·················· 331

338. 血红菇 *Russula sanguinea* (Bull.) Fr. ·················· 332

339. 近黑紫红菇 *Russula subatropurpurea* J.W. Li & L.H. Qiu ·················· 333

340. 亚臭红菇 *Russula subfoetens* W.G. Sm. ·················· 334

341. 亚稀褶红菇 *Russula subnigricans* Hongo ·················· 335

342. 近浅赭红菇 *Russula subpallidirosea* J. B. Zhang & L. H. Qiu ·················· 336

343. 亚硫磺红菇 *Russula subsulphurea* Murrill ·················· 337

344. 红菇属中的一种 *Russula subvinosa* McNabb ·················· 338

345. 多变红菇 *Russula variata* D. V. Baxter ·················· 339

346. 微紫柄红菇 *Russula violeipes* Quél. ·················· 340

347. 酒红褐红菇 *Russula vinosobrunnea* (Bres.) Romagn. ·················· 341

348. 绿桂红菇 *Russula viridicinnamomea* F.Yuan & Y.Song ·················· 342

349. 锦带花纤孔菌 *Sanghuangporus weigelae* (T. Hatt. & Sheng H. Wu) Sheng H. et al. ········· 343

350. 裂褶菌 *Schizophyllum commune* Fr. ·················· 344

351. 大孢硬皮马勃 *Scleroderma bovista* Fr. ·················· 345

352. 光硬皮马勃 *Scleroderma cepa* Pers. ·················· 346

353. 耐冷白齿菌 *Sistotrema brinkmannii* (Bres.) J. Erikss. ·················· 347

354. 毛韧革菌 *Stereum hirsutum* (Willd.) Fr. ·················· 348

355. 微茸松塔牛肝菌 *Strobilomyces subnudus* J.Z. Ying ·················· 349

356. 东方球果伞 *Strobilurus orientalis* Zhu L. Yang & J. Qin ·················· 350

357. 球果伞属中的一种 *Strobilurus pachycystidiatus* J. Qin & Zhu L. Yang ·················· 351

358. 污白松果菇 *Strobilurus trullisatus* (Murrill) Lennox ·················· 352

359. 酒红球盖菇 *Stropharia rugosoannulata* Farl. ex Murrill ·················· 353

360. 涂擦球盖菇 *Stropharia inuncta* (Fr.) Quél. ·················· 354

361. 木生球盖菇 *Stropharia lignicola* E.J. Tian ·················· 355

362. 超群紫盖牛肝菌 *Sutorius eximius* (Peck) Halling, M.Nuhn & Osmundson ·················· 356

363. 黏盖乳牛肝菌 *Suillus bovinus* (Pers.) Roussel ·················· 357

364. 空柄乳牛肝菌 *Suillus cavipes* (Opat.) A.H. Sm. & Thiers ·················· 358

365. 点柄乳牛肝菌 *Suillus granulatus* (L.) Roussel ·················· 359

366. 滑皮乳牛肝 *Suillus huapi* N.K. Zeng, R. Xue & Zhi Q. Liang ·················· 360

367. 褐环乳牛肝菌 *Suillus luteus* (L.:Fr.) Gray ·················· 361

368. 小果蚁巢伞 *Termitomyces microcarpus* (Berk.Broome) R. Heim ·················· 362

369. 头花革菌 *Thelephora anthocephala* (Bull.) Fr. ·················· 363

370. 橙黄革菌 *Thelephora aurantiotincta* Corner ·················· 364

371. 齿贝拟栓菌 *Trametes cervina* (Schwein.)Bres. ·················· 365

372. 朱红密孔菌 *Trametes coccinea* (Fr.) Hai J. Li & S.H. He ·················· 366

373. 雅致栓孔菌 *Trametes elegans* (Spreng.) Fr. ·················· 367

374. 毛栓孔菌 *Trametes hirsuta* (Wulf.: Fr.) Pilat ·················· 368

375. 米梅栓菌 *Trametes mimetes* (Wakef.) Ryvarden ·················· 369

376. 血红栓孔菌 *Trametes sanguinea* (L. : Fr.) Lloyd ·················· 370

377. 漆柄小孔菌 *Trametes vernicipes* (Berk.) Zmitr., Wasser & Ezhov ·················· 371

378. 云芝栓孔菌 *Trametes versicolor* (L.) Lloyd ·················· 372

379. 萨摩亚银耳 *Tremella samoensis* Lloyd ·················· 373

380. 冷杉附毛菌 *Trichaptum abietinum* (Dicks.) Ryvarden ·················· 374

381. 灰环口蘑 *Tricholoma cingulatum* (Almfelt ex Fr.) Jacobashch ·················· 375

382. 假硫色口蘑 *Tricholoma hemisulphureum* (Kuehner) A. Riva ·················· 376

383. 口蘑属中的一种 *Tricholoma sinoacerbum* T.H. Li, Iqbal Hosen & Ting Li ·················· 377

384. 黄拟口蘑 *Tricholomopsis decora* (Fr.) Singer ·················· 378

385. 小火焰拟口蘑 *Tricholomopsis flammula* Metrod ex Holec ·················· 379

386. 赭红拟口蘑 *Tricholomopsis rutilans* (Schaeff.) Singer ·················· 380

387. 赭白畸孢孔菌 *Truncospora ochroleuca* (Berk.) Pilat ·················· 381

388. 新苦粉孢牛肝菌 *Tylopilus neofelleus* Hongo ·················· 382

389. 薄皮干酪菌 *Tyromyces chioneus* (Fr.) P. Karst. ·················· 383

390. 硫黄干酪菌 *Tyromyces kmetii* (Bres.) Bondartsev & Singer ·················· 384

391. 白蜡多年卧孔菌 *Vanderbylia fraxinea* (Bull.) Ryvarden ·················· 385

392. 银丝草菇 *Volvariella bombycina* (Schaeff.) Singer ·················· 386

393. 绒盖条孢牛肝菌 *Xerocomus subtomentosus* (Fr.)Quél. ·················· 387

394. 砖红绒盖牛肝菌 *Xerocomus spadiceus* (Schaeff. ex Fr.) Quél. ·················· 388

395. 细脚虫草 *Cordyceps tenuipes* (Peck) Kepler, B. Shrestha & Spatafora ·················· 389

396. 蔡氏轮层炭壳菌 *Daldinia childiae* J.D. Rogers & Y.M.Ju ·················· 390

397. 橙红二头孢盘菌 *Dicephalospora rufocornea* (Berk.& Broome) Spooner ·················· 391

398. 皱纹马鞍菌 *Helvella rugosa* Q. Zhao & K.D. Hyde ·················· 392

399. 绒马鞍菌 *Helvella tomentosa* Raddi ·································· 392

400. 黄瘤孢菌 *Hypomyces chrysospermus* (Bull) Fr. ·················· 393

401. 皮壳软盘菌 *Hyphodiscus incrustatus* (Ellis) Raitv. ·············· 394

402. 大蝉草 *Isaria cicadae* Miq. ···································· 395

403. 下垂线虫草 *Ophiocordyceps nutans* (Pat.)G.H. Sung et al. ······· 396

404. 淡蓝盘菌 *Peziza saniosa* Schrad. ······························ 397

405. 米勒红盘菌 *Plectania milleri* Paden & Tylutki ·················· 398

406. 小红肉杯菌 *Sarcoscypha occidentalis* (Schw.) Sacc. ·············· 399

407. 黑牛皮叶 *Sticta fuliginosa* Dicks. ····························· 400

408. 光滑薄毛盘菌 *Tricharina glabra* (Pezizales) ··················· 401

409. 美洲丛耳菌 *Wynnea americana* Thaxt. ························· 402

410. 古巴炭角菌 *Xylaria cubensis* (Mont) Fr. ······················· 403

411. 团炭角菌 *Xylaria hypoxylon* (L.)Grev ························· 403

412. 斯氏炭角菌 *Xylaria schweinitzii* Berk. & M.A. Curtis ··········· 404

413. 地生炭角菌 *Xylaria terricola* Y.M. Ju, H.M. Hsieh & W.N. Chou ······ 405

414. 绵阳炭角菌 *Xylaria mianyangensis* Y.M.Ju,H.M.Hsieh & X.S.He ······ 406

415. 暗红团网菌 *Arcyria denudata* (L.) Wettst. ····················· 407

416. 小粉瘤菌 *Lycogala exiguum* Morga ·························· 408

417. 长发网菌 *Stemonaria longa* (Peck) Nann.–Bremek., Y. Yamam. & R. Sharma ·········· 409

参考文献 ·· **410**

中文名索引 ·· **414**

拉丁名索引 ·· **420**

第一章 概　　述

一、考察地概述

恩施土家族苗族自治州位于湖北省西南部、云贵高原东延武陵山脉与大巴山之间，东经 108°23′12″ ~ 110°38′08″，北纬 29°07′10″ ~ 31°24′13″。东接宜昌市，南毗湖南湘西土家族苗族自治州，西连重庆市黔江地区，北邻重庆市万州区，东北端连神农架林区。自治州州府位于恩施市，全州以山地为主，平均海拔高度 1 000 m，海拔 1 200 m 以上的地区占总面积的 29.4%，海拔 800 ~ 1 200 m 的地区占总面积的 43.6%，海拔 800 m 以下的地区占总面积的 27%。州域东西宽 220 km，南北长 260 km。

恩施州位于新华夏系第三隆起带南段之黔东褶皱北东端，扬子江中下游东西向构造西端，北邻淮阳山字形构造西翼反射弧，西与四川盆地毗邻。西为四川中台坳之川东梳状褶皱束，中、东部为八面山台坳之黔江隆起褶皱束和武陵坳褶皱束的北东段。州内是由其北部大巴山脉的南缘分支——巫山山脉、东南部和中部属苗邻的分支——武陵山脉、西部大类山山脉的北延部分——齐跃山脉等三大主要山脉组成的山地。全州地势三山鼎立，呈现出北部、西北部和东南部高耸，逐渐向中部、南部倾斜而相对低下的状态，其地貌特征是阶梯状地貌发育，由于受新构造运动间歇活动的影响，大面积隆起成山，局部断陷、沉积，形成多级夷平面与山间河谷断陷盆地。境内除东北部有海拔 3 000 m 以上小面积山地外，普遍展布着海拔 2 000 ~ 1 700 m、1 500 ~ 1 300 m、1 200 ~ 1 000 m、900 ~ 800 m、700 ~ 500 m 的一至二级河谷阶地，呈现明显层状地貌。

恩施州境内地形以山地为主，喀斯特地貌发育，溶洞溶洼众多，峡谷深幽，山清水秀。州内年降雨量充沛，年均降雨量在 800 ~ 1 500 mm 之间；不同海拔存在差异，平均气温在 15 ~ 18℃之间；在亚热带季风气候的影响下，形成了多种类型的土壤，主要有红壤、黄壤、水稻土、黄褐土等八个土壤类型。除此之外，恩施州还拥有丰富的森林资源，生物资源极其丰富，品种繁多，号称"天然植物园"和"种质基因库"。基于其良好的生态环境，恩施州的深山之中珍藏着无数的真菌。

二、恩施州大型真菌资源经济价值评价

恩施州独特的地理环境孕育了丰富的大型真菌，包含种类繁多的食用菌、药用菌，但也隐藏着少许有毒真菌。

食药用菌是大型真菌最直接的经济价值体现。在 2018 年发表的《世界真菌现状报告》中，中国拥有 1 789 种食用菌和 798 种药用菌，有超过 150 种真菌已被驯化栽培，更好地发挥其经济价值

（Willis，2018）。恩施州的大型真菌资源极其丰富，很多真菌都可食用。比较丰富的食药用菌种类有变红鹅膏 *Amanita rubescens*、菌索蘑菇 *Agaricus lanipes*、毛木耳 *Auricularia cornea*、小条孢牛肝菌 *Boletellus shichianus* 、双色牛肝菌 *Boletus bicolor*、血红绒牛肝菌 *Boletus flammans*、坚肉牛肝菌 *Boletus fraternus*、美味牛肝菌 *Boletus meiweiniuganjun*、杏茸鸡油菌 *Cantharellus anzutake*、血红铆钉菇 *Chroogomphus rutilus*、桂花耳 *Guepinia helvelloides*、铅色短孢牛肝菌 *Gyrodon lividus*、长根菇 *Hymenopellis raphanipes*、鲜艳乳菇 *Lactarius vividus*、毛腿库恩菇 *Laccaria amethystina* 等 。

恩施州地区每年因误食有毒野生菌的事件时有发生，严重威胁到人民群众的生命财产安全，误食有毒野生毒蘑菇已成为州内食物中毒事件导致死亡的一个主要因素。近五年内恩施州发生的野生菌中毒事件主要有：2022 年上半年来凤县发生 2 例毒蘑菇中毒事件；2021 年来凤县、宣恩县各发生一起毒蘑菇中毒事件；2020 年来凤县发生 25 例、宣恩县发生 7 例、利川市发生 53 例、建始县发生 1 例、巴东县发生 2 例、咸丰县发生 16 例、恩施市发生 4 例毒蘑菇中毒事件；2019 年宣恩县发生 9 例、来凤县发生 9 例、鹤峰县发生 2 例、利川市发生 12 例、恩施市发生 3 例毒蘑菇中毒事件；2018 年利川市发生 11 例、宣恩县发生 18 例、鹤峰县发生 4 例、来凤县发生 6 例、恩施市发生 1 例、巴东县发生 5 例毒蘑菇中毒事件（数据来源于恩施州疾控中心）。由于每年各个县或市发生如此多的毒蘑菇中毒事件，因而对于恩施州生长的野生菌进行种类鉴定及有毒蘑菇的宣传已经迫在眉睫。本书描述的有毒野生菌主要包括急性肝损害型，如淡玫红鹅膏 *Amanita pallidorosea*、黄盖鹅膏 *Amanita subjunquillea*、裂皮鹅膏 *Amanita rimosa*、灰花纹鹅膏 *Amanita fuliginea* 等；急性肾衰竭型，如假褐云斑鹅膏 *Amanita pseudoporphyria*；神经精神型，如洁小菇 *Mycena pura*、尖顶丝盖伞 *Inocybe napipes* 等；胃肠炎型，如细褐鳞蘑菇 *Agaricus moelleri*、方形粉褶蕈 *Entoloma quadratum*、直柄粉褶蕈 *Entoloma strictius*、大孢滑锈伞 *Hebeloma sacchariolens*、锥形湿伞 *Hygrocybe conica*、簇生垂幕菇 *Hypholoma fasciculare* 等；溶血型，如卷边粧菇 *Paxillus involutus* 等；其他中毒类型，如锐鳞环柄菇 *Lepiota acutesquamosa* 等。

第二章　恩施州大型真菌物种描述

1. 球基蘑菇 *Agaricus abruptibulbus* Peck

伞菌目 Agaricales 蘑菇科 Agaricaceae 蘑菇属 *Agaricus*

生物特征

子实体中等至较大。菌盖直径 3 ~ 11 cm，初期扁半球形，后期中部有宽的凸起，表面呈浅黄白色，中部色深、平滑，伤变处污黄色。菌幕呈白色，并附有呈环状排列的粉色棉状絮状物。菌肉厚，淡黄色。菌褶离生，初期呈污白色至粉红色，后变为黑褐色，密度密，不等长。菌环膜质，白色，生于菌柄上部。菌柄近圆柱形，长 3.5 ~ 13.0 cm，直径 0.8 ~ 1.8 cm，稍弯曲，黄色，伤变处污黄色，光滑，中空，脆骨质，基部明显膨大。

生态环境

秋季于阔叶林内地上单生或散生。

采集地点及编号

恩施市 ESBJ0006、ESBJ0012、ESBJ0013、ESBJ1008、ESBJ1009、ESBJ1010；来凤县 LF023、LF009。

经济价值

有毒。

2. 大理蘑菇 *Agaricus daliensis* H.Y. Su & R.L. Zhao

伞菌目 Agaricales 蘑菇科 Agaricaceae 蘑菇属 *Agaricus*

生物特征

子实体中等大。菌盖直径 5 ~ 11 cm，边缘白色，中央颜色灰黑色，形似平展，中部凸起，不黏，边缘有条纹，菌盖被有块鳞、纤毛，非水浸状。菌肉白色，较厚。菌褶浅棕色，密度较密，离生，不等长。菌环位于上部，浅棕色，单层，膜质，不脱落，不活动。菌柄长 10 ~ 12 cm，直径 1 ~ 2 cm，白色，脆骨质，空心，基部明显膨大。

生态环境

夏秋季于针阔混交林地上单生或散生。

采集地点及编号

利川市 LC1166。

经济价值

尚不明确。

3. 细丛卷毛柄蘑菇 *Agaricus flocculosipes* R.L. Zhao, Desjardin, Guinb. K.D. Hyde

伞菌目 Agaricales 蘑菇科 Agaricaceae 蘑菇属 *Agaricus*

生物特征

子实体小型至中等大。菌盖直径 4 ~ 15 cm，初期半球形，成熟后平展，淡棕色，表面具纤维状鳞片，不黏。菌肉白色，厚。菌褶初期白色至粉红色，成熟后变深棕色，离生，密度极密，不等长。菌柄长 6 ~ 12 cm，直径 0.7 ~ 2.0 cm，圆柱形，上细下粗，稍带赭色。菌环白色，膜质。担孢子椭圆形，光滑。

生态环境

夏秋季于林中地上散生。

采集地点及编号

恩施市 ESBJ0001、ESBJ1013。

经济价值

有毒。

4. 贵州蘑菇 *Agaricus guizhouensis* Y. Gui, Zuo Y. Liu & K.D. Hyde

伞菌目 Agaricales 蘑菇科 Agaricaceae 蘑菇属 *Agaricus*

生物特征

子实体小型至中等大。菌盖直径 3 ~ 8 cm，中部凸起，表面干燥不黏，被有鳞片，散射状逐渐减少。菌肉白色，较厚，有苦杏仁味，伤变处黄色。菌褶密度不密，离生，有小菌褶，幼时白色，成熟后逐渐变粉红色、棕色。菌柄长 8 ~ 15 cm，直径 0.5 ~ 1.0 cm，上部分光滑，下部分絮状，白色，空心，膜质，呈棒槌状，基部明显膨大。

生态环境

夏秋季生于针阔混交林林中地上单生、散生。

采集地点及编号

巴东县 BDJSH14。

经济价值

可食用。

5. 菌索蘑菇 *Agaricus lanipes* (Moell. ex Schaeff.) Sing.

伞菌目 Agaricales 蘑菇科 Agaricaceae 蘑菇属 *Agaricus*

生物特征

子实体中等大。菌盖直径 4.5 ～ 12.0 cm，初半球形或扁半球形，成熟后近平展，中部稍下凹，赭褐色或暗褐色，边缘被有鳞片。菌肉白色，较厚。菌褶离生，浅粉红色变至暗褐色，不等长，密度较密。菌柄粗壮，长 5 ～ 8 cm，粗 1.5 ～ 4.0 cm，圆柱形，近白色，上细下粗，基部有白色的菌丝索。菌环白色。孢子印暗褐色。

生态环境

夏秋季于针阔混交林中地上散生。

采集地点及编号

恩施市 ESBJ0005、ESBJ1012。

经济价值

可食用。

6. 细褐鳞蘑菇 *Agaricus moelleri* Wasser

伞菌目 Agaricales 蘑菇科 Agaricaceae 蘑菇属 *Agaricus*

生物特征

子实体中等至较大。菌盖直径4.5 ~ 11.0 cm，初期半球形，成熟后近平展，中部稍凸，表面污白色，具有黑褐色纤毛状小鳞片，中部鳞片灰褐色，边缘有少量菌幕残物。菌肉白色，稍厚。菌褶初期灰白色至粉红色，后期变黑褐色，密度较密，不等长，离生。菌柄圆柱形，长 5 ~ 10 cm，粗 0.6 ~ 1.0 cm，污白色，表面平滑，有白色的短细小纤毛，基部膨大，伤处变黄色，内部松软。菌环薄膜质，双层，生于柄的上部，白色，上面有褶纹，下面有白色短纤毛。

生态环境

夏秋季于阔叶树林中地上单生或散生。

采集地点及编号

恩施市 ESFES0080、ESFES0081。

经济价值

有毒。

7. 假紫红蘑菇 *Agaricus parasubrutilescens* Callac & R. L. Zhao

伞菌目 Agaricales 蘑菇科 Agaricaceae 蘑菇属 *Agaricus*

生物特征

子实体小型至中等大。菌盖直径 5 ~ 8 cm，棕色，半球形，中部凸起，不黏，边缘无条纹，菌盖被有棕黑色块鳞，非水浸状。菌肉白色，较厚，有特殊气味。菌褶浅红色，密度较密，弯生近离生，不等长。菌环位于上部，白色丝膜状，单层，脱落。菌柄长 6 ~ 12 cm，直径 0.8 ~ 1.2 cm，圆柱形，上白下浅红，脆骨质，空心，基部明显膨大。

生态环境

夏秋季生于针阔混交林地上单生或散生。

采集地点及编号

宣恩县 XE017。

经济价值

尚不明确。

8. 坚壳田头菇 *Agrocybe putaminum* (Maire) Singer

伞菌目 Agaricales 球盖菇科 Strophariaceae 田头菇属 *Agrocybe*

生物特征

子实体小型至中等。菌盖直径 3 ~ 6 cm，幼时为圆锥形至半球形，成熟后为不规则的凸镜形至扁半球形，后展开至平展，中部具微小的凸起，幼时菌盖边缘向下弯曲，后渐展开，非水渍状，幼时褐黄色至黄褐色，后呈黄褐色至锈褐色，不黏，后期边缘微具皱纹。菌肉稍厚，白色至淡褐色，有淀粉气味。菌褶直生至近直生，不等长，密度密，初淡黄色至淡褐色，成熟后呈黄褐色，具不规则齿状的白色褶缘。菌柄棒状，长 8 ~ 15 cm，直径 0.5 ~ 1.0 cm，基部呈球莲状膨大，初淡褐色至淡黄色，初实心后中空，表面具小鳞片。孢子印黄褐色。

生态环境

夏秋季于阔叶林地上或腐木上单生、散生。

采集地点及编号

宣恩县 XE006、XE007。

经济价值

尚不明确。

9. 皇簇菇 *Agrocybe smithii* Watling & H.E. Bigelow

伞菌目 Agaricales 球盖菇科 Strophariaceae 田头菇属 *Agrocybe*

生物特征

子实体小至中等大。菌盖黄棕色，不黏，平展，边缘有辐射状条纹，直径 3.5 ~ 6.0 cm，非水浸状。菌肉淡棕色，薄，有特殊气味。菌褶浅棕色，密度中，延生，不等长。菌柄长 6 ~ 8 cm，直径 0.2 ~ 0.6 cm，灰棕色，纤维质，空心，圆柱状，基部稍膨大。

生态环境

夏秋季于针叶林地上散生、群生。

采集地点及编号

宣恩县 XE009、XE012。

经济价值

可食用。

10. 白柄鹅膏 *Amanita albidostipes* Y.Y. Cui, Q. Cai & Zhu L. Yang

伞菌目 Agaricales 鹅膏菌科 Amanitaceae 鹅膏菌属 *Amanita*

生物特征

子实体中等大至大型。菌盖直径 5 ~ 10 cm，白色，中央偏淡黄色，不黏，平展，中央稍凸起，边缘有条纹，非水浸状。菌肉白色，较厚，有特殊气味。菌褶白色，密度密，离生，不等长。菌柄长 8 ~ 18 cm，直径 0.8 ~ 1.5 cm，白色，圆柱形，脆骨质，空心，基部稍膨大。

生态环境

夏秋季于针阔混交林地上单生、散生。

采集地点及编号

利川市 LC57。

经济价值

尚不明确。

11. 橙黄鹅膏 *Amanita citrina* (Schaeff.) Pers.

伞菌目 Agaricales 鹅膏菌科 Amanitaceae 鹅膏菌属 *Amanita*

生物特征

子实体小型至中等大。菌盖直径 3.5 ~ 5.0 cm，边缘淡黄色，中央灰色，不黏，平展，边缘有裂缝，菌盖上部龟裂。菌褶直生，白色至大米色，密度密，不等长。菌肉白色，较厚。菌环位于上部，淡黄色，单层，丝膜状，不脱落，不活动。菌柄长 4 ~ 8 cm，直径 0.4 ~ 0.7 cm，上白下灰，实心，肉质，基部明显膨大。

生态环境

春夏季于针阔混交林中地上单生或散生。

采集地点及编号

利川市 LC43。

经济价值

有毒。

12. 黄环鹅膏 *Amanita citrinoannulata* Y.Y. Cui, Qing Cai & Zhu L. Yang

伞菌目 Agaricales 鹅膏菌科 Amanitaceae 鹅膏菌属 *Amanita*

生物特征

子实体小型。菌盖直径 3.5 ~ 6.5 cm，中央偏黑，边缘棕色，不黏，半球形，菌盖上部龟裂。菌褶直生，白色至大米色，密度中，不等长。菌肉白色，厚。菌柄长 2.5 ~ 5.0 cm，直径 0.5 ~ 0.9 cm，从上到下逐渐变灰色，实心，脆骨质，圆柱形。

生态环境

春夏季于林中地上单生或散生。

采集地点及编号

恩施市 ESBYP0046。

经济价值

尚不明确。

13. 干净鹅膏 *Amanita detersa* Zhu L. Yang, Y.Y. Cui & Q. Cai

伞菌目 Agaricales 鹅膏菌科 Amanitaceae 鹅膏菌属 *Amanita*

生物特征

子实体小型至中等大。菌盖直径 2 ~ 8 cm，幼时中央棕色，边缘淡棕色，钟形，成熟后污白色，中央浅黄色，平展，不黏，菌盖上部龟裂，边缘有不规则环纹，非水浸状。菌褶直生近离生，白色，密度中，等长。菌肉白色，薄。菌柄长 4 ~ 10 cm，直径 0.5 ~ 2.0 cm，白色，基部呈淡粉色，空心，脆骨质，圆柱形，基部稍膨大。

生态环境

夏秋季于针阔混交林地上单生或散生。

采集地点及编号

利川市 LC136、LC138、LC152、LC159。

经济价值

尚不明确。

14. 粉色鹅膏 *Amanita fense* M.Mu & L.P.Tang

伞菌目 Agaricales 鹅膏菌科 Amanitaceae 鹅膏菌属 *Amanita*

生物特征

子实体中等大。菌盖呈半球形，直径 8.5 ~ 12.5 cm，菌盖表面白色，菌盖边缘沟纹明显，中央深棕色，边缘有条纹，黏。菌肉白色，厚。菌褶白色，密度中，离生，不等长。菌柄长 5 ~ 11 cm，直径 0.45 ~ 0.75 cm，白色，空心，脆骨质，基部明显膨大。菌环位于上部，白色，有纵向条纹，单层，膜质，不脱落，不活动。菌托小型，杯状，不易消失。

生态环境

夏秋季于混交林地上单生或散生。

采集地点及编号

鹤峰县 HF1160。

经济价值

尚不明确。

15. 格纹鹅膏 *Amanita fritillaria* (Berk.) Sacc.

伞菌目 Agaricales 鹅膏菌科 Amanitaceae 鹅膏菌属 *Amanita*

生物特征

　　子实体中等大。菌盖直径 5 ~ 12 cm，初期近半球形，后扁至平展，浅灰色、褐灰色至浅褐色，中部色较深，具辐射状隐生纤丝花纹。菌肉白色，较厚。菌褶离生至近离生，白色，密度较密，不等长。菌柄长 5 ~ 10 cm，直径 0.5 ~ 1.5 cm，近圆柱形，向上逐渐变细，白色至污白色，内部实心，白色，基部膨大呈近球状、陀螺状至梭形。有菌环，位于菌柄上部，白色至浅灰色，单层，膜质。

生态环境

　　春夏季于阔叶林地上散生。

采集地点及编号

　　恩施市 ESBJ1015；利川市 LC147。

经济价值

　　有毒。

16. 灰花纹鹅膏 *Amanita fuliginea* Hongo

伞菌目 Agaricales 鹅膏菌科 Amanitaceae 鹅膏菌属 *Amanita*

生物特征

子实体较小。菌盖直径 2.5 ~ 7.0 cm，幼时近卵圆形，开展后中部下凹，中央有一小凸起，暗灰色，中央近黑色，表面被有纤维状花纹。菌肉白色，较薄。菌褶离生，白色，密度较密，不等长。菌柄细长，近圆柱形，长 4.5 ~ 9.0 cm，直径 0.5 ~ 1.0 cm，灰白色或灰褐色，基部呈污白色。菌环膜质，灰白色，生菌柄上部接近顶部。菌托白色近苞状。孢子印白色。孢子球形。

生态环境

夏秋季于针阔混交林中地上群生或散生。

采集地点及编号

利川市 LC0178。

经济价值

有剧毒。

17. 灰褶鹅膏 *Amanita griseofolia* Zhu L.Yang

伞菌目 Agaricales 鹅膏菌科 Amanitaceae 鹅膏菌属 *Amanita*

生物特征

子实体中大型。菌盖直径 6 ~ 14 cm，中部凸起且红褐色至褐色，光滑，黏，边缘有长纹。菌肉白色、污白色至米黄色，较厚。菌褶离生，白色至米色，密度较密，不等长。菌柄长 6 ~ 15 cm，直径 0.5 ~ 3.5 cm，污白色至浅褐色，圆柱形，肉质，实心，被有浅褐色鳞片。菌幕残片袋状。孢子，球形至近球形。

生态环境

夏秋季于林中地上单生或散生。

采集地点及编号

恩施市 ESWCP00009；利川市 LC0173、LC41。

经济价值

可药用。

18. 黄蜡鹅膏 *Amanita kitamagotake* N. Endo & A. Yamada

伞菌目 Agaricales 鹅膏菌科 Amanitaceae 鹅膏菌属 *Amanita*

生物特征

子实体小型至中等大。菌盖边缘浅黄色，中央棕色至黑色，不黏，平展，中央具乳凸，表面开裂，边缘有辐射状条纹，直径 4 ~ 8 cm，非水浸状。菌肉白色，较厚。菌褶白色，密度密，直生，不等长。菌环位于上部，白色，膜质，不脱落。菌柄长 5 ~ 12 cm，直径 0.5 ~ 1.0 cm，黄色或白色，肉质，空心，基部稍膨大。菌托大型，膜状、杯状、白色，厚。

生态环境

夏秋季于阔叶林地上单生或散生。

采集地点及编号

利川市 LC160、LC172。

经济价值

可食用。

19. 长条棱鹅膏 *Amanita longistriata* S.Imai

伞菌目 Agaricales 鹅膏菌科 Amanitaceae 鹅膏菌属 *Amanita*

生物特征

子实体小型至中等大。菌盖直径 2.5 ~ 7.0 cm，幼时近卵圆至近钟形，成熟后平展，中部低或中央稍凸，灰褐色或淡褐色带浅粉红色，边缘有放射状长条棱。菌肉薄，污白色。菌褶污白色至微带粉红色，密度密，离生，不等长。菌柄长 4 ~ 8 cm，直径 0.3 ~ 0.6 cm，圆柱形，污白色，表面平滑，内部松软至中空。菌环膜质，污白色，生柄上部。菌托苞状，污白色。孢子印白色。

生态环境

夏秋季于阔叶林、针叶林或针阔混交林中地上散生。

采集地点及编号

鹤峰县 HF0126、HF0144。

经济价值

有剧毒。

20. 黄小鹅膏 *Amanita luteoparva* Thongbai, Raspe & K.D. Hyde

伞菌目 Agaricales 鹅膏菌科 Amanitaceae 鹅膏菌属 *Amanita*

生物特征

子实体小型至中等大。菌盖直径 2.5 ~ 8.0 cm，菌盖边缘灰白色，不黏，钟形，上面分布有块鳞，非水浸状。菌肉白色，较厚。菌褶白色，密度较密，直生，等长。菌柄长 8 ~ 12 cm，直径 1 ~ 2 cm，灰色，空心，脆骨质。

生态环境

夏秋季于针阔混交林地上单生或散生。

采集地点及编号

恩施市 ESBY0007、ESBY0013。

经济价值

尚不明确。

21. 红褐鹅膏 *Amanita orsonii* ASh Kumar & T.N. Lakh

伞菌目 Agaricales 鹅膏菌科 Amanitaceae 鹅膏菌属 *Amanita*

生物特征

子实体小型至中等大。菌盖直径 4.5 ~ 10.0 cm，初期半球形，成熟后平展，中部稍凹，红褐色，菌幕残余近锥状、颗粒状。菌肉近白色，较厚。菌褶白色，密度密，不等长，离生至近离生。柄长 5 ~ 12 cm，直径 0.5 ~ 2.0 cm，褐色，圆柱形，上部稍细，具白色鳞片。有菌环，基部膨大，近球形。孢子无色，椭圆形。

生态环境

夏秋季于林间地上散生。

采集地点及编号

恩施市 ESFHS1068。

经济价值

有毒，树木外生菌根菌。

22. 淡环鹅膏 *Amanita pallidozonata* Y.Y. Cui, Qing Cai & Zhu L. Yang

伞菌目 Agaricales 鹅膏菌科 Amanitaceae 鹅膏菌属 *Amanita*

生物特征

子实体中等大。菌盖边缘浅棕色，中央深棕色，黏，平展，边缘有纵条纹，直径 5.5 ~ 9.0 cm，非水浸状。菌肉白色，较厚。菌褶白色，密度中，直生，不等长。菌柄长 12 ~ 16 cm，直径 0.8 ~ 1.5 cm，白色，脆骨质，空心。基部稍膨大。菌托小型，袋状，不易消失。

生态环境

夏秋季于阔叶林地上单生或散生。

采集地点及编号

鹤峰县 HF0134。

经济价值

尚不明确。

23. 淡玫红鹅膏 *Amanita pallidorosea* P. Zhang & Zhu L. Yang

伞菌目 Agaricales 鹅膏菌科 Amanitaceae 鹅膏菌属 *Amanita*

生物特征

子实体中等大。菌盖白色，直径 5.2 ~ 7.0 cm，平展，有时中央为淡粉红色，边缘无沟纹，有时有辐射状裂纹。菌肉白色，有特殊气味，薄。菌褶白色，近菌柄端渐变窄，密度密，离生或近直生，不等长。菌柄白色至污白色，长 7 ~ 12 cm，直径 0.4 ~ 0.8 cm，圆柱形，基部近球状。菌环近顶生，膜质，白色。菌托浅杯状，白色。

生态环境

夏秋季于各种针阔混交林中地上单生或散生。

采集地点及编号

恩施市 ESBJ1223。

经济价值

有剧毒。

24. 小豹斑鹅膏 *Amanita parvipantherina* Zhu L. Yang, M. Weiss & Oberw.

伞菌目 Agaricales 鹅膏菌科 Amanitaceae 鹅膏菌属 *Amanita*

生物特征

子实体小型至中等大。菌盖边缘土黄色，中央棕色，不黏，平展，中央稍凹陷，边缘有辐射状条纹，直径 1 ~ 5 cm，非水浸状。菌肉白色。菌褶白色或土黄色，密度中，直生，不等长。菌环位于上部，白色至浅灰色，双层，膜质，褶状，不脱落。菌柄长 5 ~ 10 cm，直径 0.5 ~ 1.5 cm，乳白色，肉质，实心，基部明显膨大。菌托小型，袋状，不易消失。

生态环境

夏秋季于针阔混交林地上单生或散生。

采集地点及编号

利川市 LC134。

经济价值

有毒。

25. 高大鹅膏 *Amanita princeps* Corner & Bas

伞菌目 Agaricales 鹅膏菌科 Amanitaceae 鹅膏菌属 *Amanita*

生物特征

　　子实体中等大。菌盖直径 10 ~ 13 cm，边缘白色，不黏，中央黄色，形状平展，非水浸状，幼时半球形，长大后平展。菌肉白色，气味香味，菌褶白色，密度稀，弯生或近直生，不等长。菌环位于上部，颜色黄色，单层，丝膜状。菌柄长 18.0 ~ 20.1 cm，直径 1.2 ~ 1.8 cm，颜色为白色，脆骨质，空心，基部明显膨大。菌托大型，袋状，不易消失。

生态环境

　　夏秋季于阔叶林地上单生或散生。

采集地点及编号

　　宣恩县 XEGL0211；利川市 LC161。

经济价值

　　尚不明确。

26. 假褐云斑鹅膏 *Amanita pseudoporphyria* Hongo

伞菌目 Agaricales 鹅膏菌科 Amanitaceae 鹅膏菌属 *Amanita*

生物特征

子实体中等大。菌盖边缘平滑，常附有白色絮状菌幕残物。菌肉白色，中部稍厚。菌褶白色，密度密，离生，不等长，边沿似有粉粒。菌柄圆柱形，纯白色，长 6.0 ~ 12.5 cm，直径 0.4 ~ 1.5 cm，被有白色絮状物，基部膨大，向下稍延伸，根状，内部实心。菌环白色膜质，生柄上部。菌托苞状或袋状，白色。孢子印白色。

生态环境

夏秋季于针叶林或阔叶林中地上单生或散生。

采集地点及编号

利川市 LC1183。

经济价值

有毒，外生菌根菌。

27. 裂皮鹅膏 *Amanita rimosa* P. Zhang & Zhu L. Yang

伞菌目 Agaricales 鹅膏菌科 Amanitaceae 鹅膏菌属 *Amanita*

生物特征

　　子实体较小。菌盖直径 2.5 ~ 8.0 cm，幼时卵圆形至半球形，成熟后至平展，菌盖表面白色，边缘无沟纹，具有辐射状茸毛状小裂纹。菌肉白色，薄。菌褶白色，密度较密，不等长，离生近离生。菌柄长 3.5 ~ 8.0 cm，直径 0.2 ~ 1.0 cm，白色至污白色，有时被有白色细小鳞片，基部近球形。菌环近顶生，膜质，白色。菌托浅杯状，白色。

生态环境

　　夏秋季于阔叶林或针阔混交林中地上单生或散生。

采集地点及编号

　　利川市 LC1181、LC1180、LC0177、LC1189。

经济价值

　　有剧毒。

28. 赭盖鹅膏 *Amanita rubescens* (Pers.:Fr.) Gray

伞菌目 Agaricales 鹅膏菌科 Amanitaceae 鹅膏菌属 *Amanita*

生物特征

　　子实体中等大。菌盖宽 4 ~ 9 cm，扁半球形至平展，浅土黄色或浅红褐色，具块状和近疣状鳞片，边缘有不明显条纹。菌肉白色，伤时变红褐色，薄。菌褶白色至近白色，渐变红褐色，离生，密度稍密，不等长。菌柄圆柱形，长 5.5 ~ 11.5 cm，直径 0.5 ~ 1.5 cm，同菌盖色，具纤毛状鳞片，内部空心，菌柄上部有花纹，基部膨大。菌环生于菌柄的上部，膜质，下垂，上面白色，下面灰色，易脱落。菌托由灰褐色絮状鳞片组成。

生态环境

　　夏秋季于针阔混交林中落叶层厚的地上单生、散生。

采集地点及编号

　　恩施市 ESXLS1095；利川市 LC27。

经济价值

　　可食用，但需煮熟。

29. 暗盖淡鳞鹅膏 *Amanita sepiacea* Imai

伞菌目 Agaricales 鹅膏菌科 Amanitaceae 鹅膏菌属 *Amanita*

生物特征

子实体中等大。菌盖扁半球形至平展，直径 5.5 ~ 9.0 cm，菌盖表面褐色，具隐生纤丝花纹，被菌幕残余，菌幕残余锥状，有时絮状，污白色至淡灰色，常易脱落，菌盖边缘沟纹不明显。菌肉白色，较厚。菌褶白色，密度密，不等长，离生。菌柄长 9.0 ~ 12.5 cm，直径 1 ~ 2 cm，浅灰色，下半部被有灰色至浅灰色纤丝状鳞片。菌环近顶生，白色。菌柄基部呈梭形，上半部被有近白色疣状至锥状菌幕残余，呈环带状排成数圈，圆柱形，由上而下逐渐变粗。孢子椭圆形至宽椭圆形。

生态环境

夏秋季于阔叶林地上单生或散生。

采集地点及编号

鹤峰县 HF0136；利川市 LC39、LC59、LC60。

经济价值

有毒。

30. 中华鹅膏 *Amanita sinensis* Zhu L. Yang

伞菌目 Agaricales 鹅膏菌科 Amanitaceae 鹅膏菌属 *Amanita*

生物特征

子实体中等大至大型。菌盖平展，中央稍凸起，直径 5.5 ~ 8.0 cm，边缘有棱纹，灰色，表面有泥灰样的菌幕残余。菌肉白色，较厚。菌褶离生，白色，密度较密，不等长。菌环顶生，灰色，易消失。菌柄长 10 ~ 18 cm，直径 0.8 ~ 2.0 cm，表面具粉灰样和颗粒状菌幕残余，柄基部渐膨大，圆柱形，老后变瘪，空心，纤维质。孢子椭圆形。

生态环境

夏秋季于林中地上群生或散生。

采集地点及编号

利川市 LC1194、LC56、LC63。

经济价值

有毒。

31. 杵柄鹅膏 *Amanita sinocitrina* Zhu L. Yang, Zuo H.Chen & Z.G.Zhang

伞菌目 Agaricales 鹅膏菌科 Amanitaceae 鹅膏菌属 *Amanita*

生物特征

子实体小型至中等大。菌盖直径 5 ~ 7 cm，浅褐色至茶褐色，有菌幕残片。菌褶离生，白色至大米色，密度较密，不等长。菌肉白色，较厚。菌柄长 5 ~ 9 cm，直径 0.4 ~ 1.2 cm，白色至污白色。孢子球形至近球形。孢子印白色。

生态环境

春夏季于地上散生。

采集地点及编号

恩施市 ES00001、ES00010、ESBY0010；利川市 LC0151、LC125、LC14、LC117。

经济价值

可能有毒。

32. 球基鹅膏 *Amanita subglobosa* Zhu L. Yang

伞菌目 Agaricales 鹅膏菌科 Amanitaceae 鹅膏菌属 *Amanita*

生物特征

子实体小型至中等大。菌盖直径 4 ~ 6 cm，边缘棕色，中央深棕色，不黏，平展，表面被有白色块鳞，质软，非水浸状。菌肉白色，薄，有特殊气味。菌褶白色，密度中，离生或近直生，不等长。菌环位于上部，黄色，单层，膜质，脱落。菌柄长 6 ~ 12 cm，直径 0.3 ~ 1.0 cm，白色至淡黄色，上细下粗，棒形，肉质，空心，被有白色纤毛，基部明显膨大。

生态环境

夏季于针叶林地上单生、散生。

采集地点及编号

利川市 LC22。

经济价值

有毒。

33. 黄盖鹅膏 *Amanita subjunquillea* S.Imai

伞菌目 Agaricales 鹅膏菌科 Amanitaceae 鹅膏菌属 *Amanita*

生物特征

子实体较小。菌盖直径 2.5 ~ 8.5 cm，初期近半球形至钟形，成熟后扁平至平展，中部稍凸，污橙黄色，边缘色较浅，中央颜色较深，表面平滑或有似放射状纤毛状条纹，盖边缘似有不明显条棱，湿时黏。菌肉白色，近表皮处带黄色，较薄。菌褶离生，白色，密度密。菌柄圆柱形，由上而下逐渐变粗，黄白色，有纤毛状鳞片，长 12.5 ~ 18.0 cm，直径 0.3 ~ 1.5 cm，内部空心。菌环膜质，黄白色，生柄上部。菌托苞状，大，灰白色。孢子印白色。

生态环境

夏季于针阔混交林中地上、单生。

采集地点及编号

恩施市 ESBJ1226。

经济价值

有剧毒。

34. 苞脚鹅膏 *Amanita volvata* (Perk) Martin

伞菌目 Agaricales 鹅膏菌科 Amanitaceae 鹅膏菌属 *Amanita*

生物特征

子实体中等大。菌盖直径 4.5 ~ 11.0 cm，幼时半球形，成熟后近扁平，污白色，表皮裂为丛毛状鳞片。菌肉白色，稍厚。菌褶白色至淡黄色，离生，密度密，不等长。菌柄长 5.5 ~ 12.0 cm，直径 0.5 ~ 1.0 cm，圆柱形，有絮状白鳞片。菌托褐色，且厚而大，偶有破碎附着于菌盖。孢子光滑，椭圆形。

生态环境

夏秋季于林地上单生或群生。

采集地点及编号

鹤峰县 HF0127、HF1155。

经济价值

有毒。

35. 锥鳞白鹅膏 *Amanita virgineoides* Bas

伞菌目 Agaricales 鹅膏菌科 Amanitaceae 鹅膏菌属 *Amanita*

生物特征

子实体小至中等大。菌盖直径 3.5 ～ 8.0 cm，颜色白色，幼时形状近半球形，边缘稍内卷，后期扁平至平展，有时边缘上翘，菌幕残余圆锥状至角锥状，白色。边缘常常悬垂有絮状物，平滑无沟纹。菌肉白色，较厚。菌褶离生近离生，白色至米色，不等长，密度中。菌柄长 5.5 ～ 12.0 cm，直径 1.5 ～ 3.5 cm，近圆柱形，向上逐渐变细，白色，被白色絮状到粉末状鳞片，内部实心，颜色白色，基部膨大，在其上半部被有白色疣状到颗粒状的菌幕残余，排列成环带状。菌环颜色白色，膜质，上表面有辐射状细沟纹，下表面有疣状到锥状小突起。担孢子，宽椭圆形至椭圆形，稀近球形或长椭圆形。

生态环境

夏秋季于针叶林或针阔混交林中地上单生或散生。

采集地点及编号

恩施市 ESBY0014。

经济价值

有毒。

36. 环纹鹅膏 *Amanita zonata* Y.Y. Cui, Qing Cai & Zhu L. Yang

伞菌目 Agaricales 鹅膏菌科 Amanitaceae 鹅膏菌属 *Amanita*

生物特征

子实体中等大至大型。菌盖平展，直径 5.5 ~ 6.5 cm，菌盖表面灰黑色，菌盖边缘沟纹不明显，深灰色，边缘有条纹，黏，似有黑灰色小颗粒。菌肉白色，较厚。菌褶白色，密度密，直生。菌柄长 11 ~ 15 cm，直径 0.4 ~ 0.9 cm，白色，下半部被有灰色至浅灰色纤丝状鳞片，空心，基部明显膨大。

生态环境

夏秋季于阔叶林地上单生或散生。

采集地点及编号

鹤峰县 HF1116。

经济价值

尚不明确。

37. 黄小蜜环菌 *Armillaria cepistipes* Velen.

伞菌目 Agaricales 泡头菌科 Physalacriaceae 蜜环菌属 *Armillaria*

生物特征

子实体小型。菌盖直径 1.5 ~ 3.0 cm，幼时近扁半球形，边缘内卷且留有薄膜质的白色菌幕残余，后渐平展，蜜黄色至黄色或棕黄色，中央较暗，边缘近白色，菌盖表面被有深褐色鳞片，中部较密。菌褶白色，延生，不等长。菌柄中生，近圆柱形，菌环以上白色，以下棕黄色，被有成簇的棕色茸毛状鳞片。菌环上位，膜质，薄，上表面白色，下表面灰白色。

生态环境

夏秋季于针阔混交林中腐木上散生或群生。

采集地点及编号

巴东县 BDXJSH18。

经济价值

可食用，也可药用。

38. 蜜环菌 *Armillaria mellea* (Vahl) P. Kumm.

伞菌目 Agaricales 泡头菌科 Physalacriaceae 蜜环菌属 *Armillaria*

生物特征

子实体小型至中等大。菌盖直径 5 ~ 15 cm，淡土黄色、蜂蜜色至浅黄褐色，老后棕褐色，中部有平伏或直立的小鳞片，有时近光滑，边缘具条纹。菌肉白色，薄，有香味。菌褶白色或稍带肉粉色，老后常出现暗褐色斑点。菌柄细长，长 6 ~ 15 cm，直径 0.5 ~ 1.0 cm，圆柱形，稍弯曲，同菌盖色，纤维质，内部松软变至空心，基部稍膨大。菌环白色，生柄的上部，幼时常呈双层，松软，后期带奶油色。

生态环境

夏秋季于针阔混交林中树干基部、根部或倒木上丛生。

采集地点及编号

巴东县 BDXJSH11。

经济价值

可食用。

39. 无华梭孢伞 *Atractosporocybe inornata* (Sowerby) P. Alvarado, G. Moreno & Vizzini

伞菌目 Agaricales 粉褶菌科 Entolomataceae 粉褶菌属 *Entoloma*

生物特征

子实体小型至中等。菌盖直径 3.0 ~ 5.5 cm，近钟形或略平展，中部具小乳突，灰白色、灰褐色或浅灰黄褐色，有不明显至稍明显条纹，边缘整齐。菌肉薄，与菌盖同色。菌褶直生，白色至粉色，密度较密，边缘波状。菌柄长 4.0 ~ 15.0 cm，直径 0.2 ~ 0.6 cm，圆柱形、空心。

生态环境

夏秋季于阔叶林中地上单生或散生。

采集地点及编号

恩施市 ES3180061。

经济价值

有毒。

40. 毛木耳 *Auricularia cornea* Ehrenb

木耳目 Auriculariales 木耳科 Auriculariaceae 木耳属 *Auricularia*

生物特征

　　子实体小型至中等大。菌盖革质，下表面粗糙呈杯状或浅杯状，有细脉纹或棱，无柄或近有柄，新鲜时红褐色，干时黄褐色或暗绿褐色，直径 5 ~ 12 cm，厚 0.5 ~ 1.0 mm。子实层表面光滑，担子棒状。孢子腊肠形，无色。

生态环境

　　春夏季于阔叶树腐木上，单生或群生。

采集地点及编号

　　咸丰县 XFQLSH1015；利川市 LC1197；巴东县 BD027。

经济价值

　　可食用。

41. 东方耳匙菌 *Auriscalpium orientale* P. M. Wang & Zhu L. Yang

红姑目 Russulales 耳匙菌科 Auriscalpiaceae 耳匙菌属 *Auriscalpium*

生物特征

子实体较小至中等大。菌盖直径 1 ~ 2 cm，边缘浅棕色，中央深棕色，形状似侧耳状，菌盖上部有纤毛。菌管白色至浅棕色，外部有刺。菌柄长 5.8 ~ 7.0 cm，直径 0.2 ~ 0.3 cm，深棕色，肉质，有纤毛，实心，基部稍膨大。

生态环境

春夏季于混交林地上散生或单生。

采集地点及编号

宣恩县 XESDG0202；恩施市 ESWCP00007。

经济价值

木腐菌。

42. 耳匙菌 *Auriscalpium vulgare* Gray

红姑目 Russulales 耳匙菌科 Auriscalpiaceae 耳匙菌属 *Auriscalpium*

生物特征

子实体小型至中等大，革质，被暗褐色绒毛。菌盖耳形，或半圆形，或肾形，直径 0.6 ~ 2.8 cm，灰褐色。基部膨大，内部实心，表面密集茸毛，同盖色，长 3.0 ~ 7.5 cm，粗 0.3 ~ 0.5 cm。盖菌下刺密集，锥形，初期黄灰色，后浅褐色，受伤时色变暗带紫色。孢子近球形，近无色，光滑。

生态环境

夏秋季生于针阔混交林中松树等球果上。

采集地点及编号

宣恩县 XESDG1217。

经济价值

木腐菌。

43. 粒表金牛肝菌 *Aureoboletus roxanae* (Frost) Klofac

牛肝菌目 Boletales 牛肝菌科 Boletaceae 金牛肝菌属 *Aureoboletus*

生物特征

子实体中等大至大型。菌盖直径9 ~ 12 cm，黄色，不黏，形状平展，非水浸状。菌肉黄色，无气味，菌管多角形。菌柄长14 ~ 16 cm，直径1.5 ~ 2.0 cm，浅黄色，肉质，有纤毛，实心，基部明显膨大。

生态环境

春夏季于针阔混交林地上单生或散生。

采集地点及编号

宣恩县 XEGL0207。

经济价值

尚不明确。

44. 小条孢牛肝菌 *Aureoboletus shichianus* (Teng & L. Ling) G. Wu & Zhu L. Yang

牛肝菌目 Boletales 牛肝菌科 Boletaceae 金牛肝菌属 *Aureoboletus*

生物特征

子实体小型。菌盖直径 1 ～ 2 cm，幼时扁半球形，成熟后逐渐平展，干，不黏，有小鳞片，深肉桂色至浅茶褐色。菌肉薄，色淡。菌管黄色，孔口较大，直径 0.1 ～ 0.3 mm。菌柄近圆柱形，平滑或有丝状条纹，上部同菌盖色，下部黄色，长 5 ～ 10 cm，直径 2.5 ～ 4.0 cm，空心，纤维质，上细下粗。孢子印褐色。孢子黄色，椭圆形至近球形。

生态环境

夏秋季于阔叶林地上单生或散生。

采集地点及编号

咸丰县 XFPBYJQ0001。

经济价值

可食用。

45. 臧氏金牛肝菌 *Aureoboletus zangii* Y.C. Li & Zhu L. Yang

牛肝菌目 Boletales 牛肝菌科 Boletaceae 金牛肝菌属 *Aureoboletus*

生物特征

子实体较小。菌盖直径 2.5 ~ 5.5 cm，中央中红，边缘中红色，黏，半球形。菌管圆形，孔口约 0.1 mm，管里管外均为黄色。菌柄 3.5 ~ 8.0 cm，直径 0.4 ~ 0.7 cm，中红，实心，脆骨质，圆柱形。

生态环境

春夏季于针叶林地上单生或散生。

采集地点及编号

恩施市 ES1032、ES00035、ES1079；咸丰县 XF00015。

经济价值

有毒。

46. 双色牛肝菌 *Bol e tus bicolor* Peck

牛肝菌目 Boletales 牛肝菌科 Boletaceae 牛肝菌属 *Boletus*

生物特征

子实体中等大至大型。菌盖直径 4.5 ~ 12.5 cm，中央凸起呈半球形，菌盖表干燥，不黏，菌盖盖缘全缘，深苹果红色，深玫瑰红色，红褐色，黄褐色。菌肉黄色，坚脆，伤后逐渐变蓝，而后还原。菌管长 0.6 ~ 1.0 cm，密，黄色，柠檬黄色，成熟后多有污色斑，近污红色。菌柄长 3.5 ~ 8.0 cm，直径 0.8 ~ 2.5 cm，上下等粗，圆柱形，基部渐膨大，表面光滑，上部黄色，渐下呈苹果红色，菌柄肉色与盖菌肉色同。孢子印橄榄褐色。

生态环境

夏秋季于针叶林地上单生或群生。

采集地点及编号

鹤峰县 HF0149。

经济价值

可食用，属树木外生菌根菌。

47. 烟管菌 *Bjerkandera adusta* (Willd. : Fr.) Karst

伞菌目 Agaricales 多孔菌科 Polyporaceae 烟管菌属 *Bjerkandera*

生物特征

子实体较小。一年生，无柄，菌盖软革质，成熟后逐渐变硬，半圆形，宽 2.5 ~ 6.0 cm，厚 0.2 ~ 0.5 cm，表面淡黄色、灰色至浅褐色，有茸毛，表面近光滑或稍有粗糙，环纹无。边缘薄，波浪形，变黑色。菌肉软革质，干后脆，纤维状，白色至灰色，薄。菌管黑色，管孔面烟色，逐渐变为鼠灰色，孔口圆形近多角形。担孢子椭圆形。

生态环境

春夏季于伐桩、枯立木、倒木上覆瓦状排列。

采集地点及编号

鹤峰县 HF1112；恩施市 ES00029；利川市 LC0175。

经济价值

可药用。

48. 金黄柄牛肝菌 *Boletus auripes* Peck

牛肝菌目 Boletales 牛肝菌科 Boletaceae 牛肝菌属 *Boletus*

生物特征

子实体中等至较大型。菌盖直径 4.5 ~ 10.0 cm，初期扁半球形，成熟后渐扁平或中部稍下凹，暗褐色或棕褐色，幼时边缘内卷有绒毛，表面干，不黏，后期开裂。菌肉黄色或粉黄色，厚。菌管初期黄色，成熟后变黄绿色，边缘黄褐色，直生或近离生。菌柄长 5 ~ 12 cm，直径 1.5 ~ 3.0 cm，金黄色，上细下粗，中上部有细网纹，下部有暗色细条纹，实心，圆柱形。孢子褐黄色，柱状，椭圆形。

生态环境

夏秋季于混交林中地上散生。

采集地点及编号

恩施市 ESXLS1102。

经济价值

可食用。

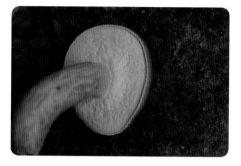

49. 血红绒牛肝菌 *Boletus flammans* Dick & Snell

牛肝菌目 Boletales 牛肝菌科 Boletaceae 牛肝菌属 *Boletus*

生物特征

子实体中等至大型。菌盖直径 3.5 ～ 12.0 cm，幼时钟形，成熟后扁球形，幼时深红色或褐红色，湿时黏，似茸毛至有小颗粒状茸毛或呈斑块状纹毛。菌肉浅黄色，伤处变青蓝色，厚。菌管红色，管孔黄色，凹生，伤处变青蓝色。菌柄长 4 ～ 8 cm，直径 0.8 ～ 2.0 cm，同菌盖色，伤处变青蓝色，基部稍膨大，往往浅黄，实心。孢子浅褐黄色，光滑，近柱状椭圆形或椭圆形。

生态环境

夏秋季于针阔混交林地上单生或散生。

采集地点及编号

鹤峰县 HF0108；恩施市 ESFES1083、ESFES1084。

经济价值

可食用。

50. 坚肉牛肝菌 *Boletus fraternus* Peck

牛肝菌目 Boletales 牛肝菌科 Boletaceae 牛肝菌属 *Boletus*

生物特征

　　子实体小型至中等大。菌盖直径 2.5 ～ 8.0 cm，幼时扁球形，成熟后稍平展，表面干燥，不黏，初期红褐色，成熟后渐呈红色带黄色，被有绒毛状细鳞片，伤变时蓝色。菌肉白色带黄色，稍厚，伤处变蓝色。菌管鲜黄色，管口圆形至多角形，伤处变蓝色。菌柄细长，近圆柱形，向下逐渐变细，长 4 ～ 8 cm，直径 0.2 ～ 0.7 cm，实心，深红色，被有粗糙条纹，伤变处为蓝色，基部有黄色菌丝体。孢子长椭圆形或近纺锤状，带黄色。

生态环境

　　夏秋季于阔叶林至针阔混交林中地上单生或散生。

采集地点及编号

　　恩施市 ESTPS00026。

经济价值

　　可食用。

51. 中国美味牛肝菌 *Boletus meiweiniuganjun* Dentinger

牛肝菌目 Boletales 牛肝菌科 Boletaceae 牛肝菌属 *Boletus*

生物特征

子实体小型。菌盖直径 2.5 ~ 5.0 cm，表面干燥，不黏，边缘棕色，中央橙色，呈半球形，非水浸状。菌肉白色。菌管极细，孔口直径约 0.1 mm，圆形，管里白色，管面黄色。菌柄长 8 ~ 12 cm，直径 1 ~ 3 cm，浅棕色，肉质，实心，近圆柱形，上细下粗，基部明显膨大。

生态环境

夏秋季于针阔混交林地上单生或散生。

采集地点及编号

恩施市 ESBYP0047。

经济价值

可食用。

52. 黑斑绒盖牛肝菌 *Boletus nigromaculatus* (Hongo) Har. Takah.

牛肝菌目 Boletales 牛肝菌科 Boletaceae 牛肝菌属 *Boletus*

生物特征

子实体小型或中等大。菌盖半球形，直径 4 ~ 8 cm，深茶褐色，表面具暗褐色或茶褐色的颗粒状物，不黏。菌肉淡黄色，受伤处变蓝色，较厚。菌管直生，长约 12 mm，淡黄色，后期变为棕褐色，管口多角形。菌柄圆柱形，上细下粗，长 4 ~ 8 cm，直径 0.3 ~ 0.8 cm，近似菌盖色，实心，肉质，基部稍膨大。孢子椭圆形，赭色。

生态环境

夏秋季多于针叶林中地上散生或群生。

采集地点及编号

恩施市 ESXLS1096。

经济价值

可食用。

53. 网纹牛肝菌 *Boletus reticulatus* Schaeff.

牛肝菌目 Boletales 牛肝菌科 Boletaceae 牛肝菌属 *Boletus*

生物特征

子实体中型至大型。菌盖直径 4 ~ 10 cm，不黏，棕色，平展，中央有乳突，水浸状。菌肉白色，厚，有特殊气味。菌管极细，孔口直径 0.1 ~ 0.2 mm，多角形，管里白色，管面黄色。菌柄长4 ~ 14 cm，直径 1.0 ~ 3.5 cm，上细下粗，上浅棕下白色，肉质，空心，基部明显膨大。

生态环境

夏秋季于针阔混交林地上单生或散生。

采集地点及编号

恩施市 ESFHS04。

经济价值

可食用。

54. 金条孢牛肝菌 *Boletellus chrysenteroides* (Snell) Snell

牛肝菌目 Boletales 牛肝菌科 Boletaceae 条孢牛肝菌属 *Boletellus*

生物特征

子实体小型至中等大。菌盖直径4 ~ 8 cm，半球形，干，不黏，棕色，非水浸状。菌肉薄，无气味。菌管棕黄色，孔口较小，直径0.1 ~ 0.2 mm，多角形。菌柄近圆柱形，呈"L"形生长，平滑，上部同菌盖色，下部棕色，长4.0 ~ 7.5 cm，直径0.2 ~ 0.6 cm，实心，肉质，上细下粗。

生态环境

夏秋季于针阔混交林地上单生或散生。

采集地点及编号

利川市 LC23。

经济价值

可食用，也可药用。

55. 夏季灰球 *Bovista aestivalis* (Bonord.)Demoulin

伞菌目 Agaricales 马勃科 Lycoperdaceae 灰球菌属 *Bovista*

生物特征

子实体小型。整体呈浅黄色近污白色，菌肉白色，上部宽 1.5 ~ 3.5 cm，长 2.5 ~ 3.0 cm，有假根，被有暗黑色小刺。

生态环境

夏秋季于针叶林地上单生或散生。

采集地点及编号

恩施市 ES0186、ESFHS14。

经济价值

可食用。

56. 小棕孔菌 *Brunneoporus malicola* Berk. & M.A. Curtis

多孔菌目 Polyporales 拟层孔菌科 Fomitopsidaceae 褐薄孔菌属 *Brunneoporus*

生物特征

子实体小型至中等大。菌盖边缘白色，中央棕色，平展，不黏，边缘无条纹，菌盖直径 3 ~ 5 cm，具有环纹沟，非水浸状。菌肉白色，菌管孔口直径 0.01 ~ 0.05 mm，多角形，管面黄色，管里白色。

生态环境

夏秋季于针阔混交林枯立木上单生或丛生。

采集地点及编号

建始县 JS0016。

经济价值

尚不明确。

57. 粘胶角耳 *Calocera viscosa* (Pers.) Bory

花耳目 Dacrymycetales 花耳科 Dacrymycetaceae 胶角耳属 *Calocera*

生物特征

子实体小至中等大。橙黄色珊瑚状，顶枝三分叉，子实体高 2.6 ~ 7.0 cm，被有纤毛。基部被有白色绒毛，圆柱形。

生态环境

夏秋季生于林中腐木地上簇生。

采集地点及编号

利川市 LC1172。

经济价值

尚不明确。

58. 白秃马勃 *Calvatia candida* (Rostk.) Holls

伞菌目 Agaricales 马勃科 Lycoperdaceae 秃马勃属 *Calvatia*

生物特征

子实体小型。菌盖扁球形，近球形，浅棕灰色。外包被薄，粉状，有斑纹，内包被坚实而脆。孢子体浅茶色。孢子球形，浅青黄色。

生态环境

夏秋季于针阔混交林地上单生或散生。

采集地点及编号

恩施市 ES1077。

经济价值

可食用，也可药用。

59. 头状秃马勃 *Calvatia craniiformis* (Schw.) Fries

伞菌目 Agaricales 马勃科 Lycoperdaceae 秃马勃属 *Calvatia*

生物特征

子实体小至中等大。外形似陀螺形，高 5 ～ 10 cm，宽 4 ～ 6 cm，不孕基部发达。包被两层，均薄质，紧贴在一起，淡茶色至酱色，初期具微细毛，逐渐光滑，成熟后上部开裂并成片脱落。

生态环境

夏秋季于阔叶林中地上单生或散生。

采集地点及编号

恩施市 ESBYP0041、ESBJ011。

经济价值

幼时可食用，成熟后可药用。

60. 锐棘秃马勃 *Calvatia holothurioides* Rebriev

伞菌目 Agaricales 马勃科 Lycoperdaceae 秃马勃属 *Calvatia*

生物特征

子实体小型至中等大。外形似陀螺形，高 3 ~ 5 cm，宽 3.5 ~ 4.5 cm，幼嫩时浅红褐色，成熟后变灰黄色至深黄色，干后变橙黄色至黄褐色，初表面光滑，后稍皱，外包被薄、脆，橙黄色至黄褐色，稍皱。孢子球形、椭球形或卵形。

生态环境

夏秋季于阔叶林中地上单生或散生

采集地点及编号

鹤峰县 HF0145；恩施市 E S 0074。

经济价值

尚不明确。

61. 黄盖小脆柄菇 *Candolleomyces candolleanus* (Fr.) D. Wächt. & A. Melzer

伞菌目 Agaricales 鬼伞科 Psathyrellaceae 黄盖小脆柄菇属 *Candolleomyces*

生物特征

子实体小型。菌盖幼时钟形，成熟后伸展常呈斗笠状，水浸状，直径 2.5 ~ 6.5 cm，初期浅蜜黄色至褐色，干时变污白色，顶部黄褐色，幼时盖缘附有白色菌幕残片，成熟后逐渐脱落。菌肉白色，较薄，味温和。菌褶污白、灰白色至褐紫灰色，直生，密度密，褶缘污白粗糙，不等长。菌柄细长，白色，质脆易断，圆柱形，有纵条纹或纤毛，菌柄长 5 ~ 10 cm，直径 0.2 ~ 0.5 cm，稍弯曲，中空。孢子印暗紫褐色。孢子椭圆形。

生态环境

夏秋季于针阔混交林地上群生或丛生。

采集地点及编号

恩施市 ES0188、ES00020、ES022；来凤县 LF027、LF018、LF039；利川市 LC109。

经济价值

可食用。

62. *Candolleomyces sulcatotuberculosus* (J. Favre) D. Wächt. & A. Melzer

伞菌目 Agaricales 鬼伞科 Psathyrellaceae 黄盖小脆柄菇属 *Candolleomyces*

生物特征

子实体一般较小。菌盖直径 1.2 ~ 3.5 cm，灰色，不黏，斗笠形，边缘有纵条纹，非水浸状。菌肉灰色，薄。菌褶深灰色，密度中，直生，不等长。菌柄长 2.0 ~ 4.5 cm，直径 0.1 ~ 0.3 cm，白色，空心，脆骨质，基部有绒毛，稍膨大。

生态环境

夏秋季于针阔混交林地腐木上单生或散生。

采集地点及编号

咸丰县 XFZJH1002。

经济价值

尚不明确。

63. *Cantharellus applanatus* D. Kumari, Ram. Upadhyay & Mod.S.

鸡油菌目 Cantharellales 齿菌科 Hydnaceae 鸡油菌属 *Cantharellus*

生物特征

子实体小型。菌盖肉质，形似喇叭形，杏黄色至蛋黄色，菌盖直径 2.5 ~ 7.0 cm，初期扁平，成熟后下凹。菌肉黄色，薄。菌褶延生，黄色，密度稀，不等长。菌柄白黄至浅黄色，长 2.5 ~ 4.0 cm，直径 0.6 ~ 1.5 cm，上黄下白，空心，脆骨质，有茸毛，基部稍膨大。

生态环境

夏秋季于针阔混交林地上散生。

采集地点及编号

鹤峰县 HF0113。

经济价值

尚不明确。

64. *Cantharellus hygrophoroides* S. C. Shao, Buyck & F. Q. Yu

鸡油菌目 Cantharellales 齿菌科 Hydnaceae 鸡油菌属 *Cantharellus*

生物特征

　　子实体小型至中等大，肉质，高 5 ~ 12 cm。菌盖形似喇叭形，色泽鲜红，菌盖直径 4.5 ~ 13.0 cm，初期扁平，成熟后边缘内卷，老后又逐渐平展，光滑。菌肉白色，薄，有浓郁的蘑菇味。菌褶延生，淡黄色，密度稀，不等长。菌柄白黄色至浅黄色，长 2 ~ 5 cm，直径 0.5 ~ 1.5 cm，圆柱形，中部有弯曲，上黄下白，空心，脆骨质，有绒毛，基部不膨大。

生态环境

　　夏秋季于阔叶林地上单生或散生。

采集地点及编号

　　利川市 LC169。

经济价值

　　尚不明确。

65. 反卷拟蜡孔菌 *Ceriporiopsis semisupina* C.L.Zhao,B.K.Cui & Y.C.Dai

多孔菌目 Polyporales 柄杯菌科 Meruliaceae 拟蜡菌属 *Ceriporiopsis*

生物特征

子实体成片丛生。一年生，平伏至平伏反卷，新鲜时较软，无嗅，无味，干后硬、脆，蜡质，长可达 6 cm，宽可达 4 cm，厚约 3 mm，菌盖表面浅黄色，光滑无毛，边缘纯。孔口表面初期橄榄色至浅褐色，逐渐呈红褐色至深褐色，孔口圆形至多角形。

生态环境

夏秋季于阔叶树倒木上丛生。

采集地点及编号

利川市 LC1161。

经济价值

木腐菌。

66. 鳞蜡多孔菌 *Cerioporus squamosus* (Huds.) Quél.

多孔菌目 Polyporales 多孔菌科 Polyporaceae 角孔菌属 *Cerioporus*

生物特征

子实体中等大至大型。具短柄或近无柄，近肉质，覆瓦状。菌盖初期圆形，后扇形，长 5 ~ 12 cm，宽 2 ~ 8 cm，厚 0.5 ~ 1.5 cm，黄褐色至土黄色，有暗褐色鳞片。菌肉淡白色至污黄白色，厚。菌盖延生，白色至污黄白色。管口白色至污黄白色，长圆形，辐射状排列。菌柄侧生，长 0.5 ~ 3.0 cm，直径 0.5 ~ 1.5 cm，基部黑色，具绒毛。孢子圆柱形，无色。

生态环境

夏秋季于阔叶林硬木树干上单生或散生。

采集地点及编号

咸丰县 XFSDX10007。

经济价值

可食用，也可药用。

67. 一色齿毛菌 *Cerrena unicolor* (Bull.) Murrill

多孔菌目 Polyporales 革盖菌科 Cerrenaceae 齿毛菌属 *Cerrena*

生物特征

子实体小型至中等大。一年生，无柄或具狭窄的基部，新鲜时柔韧，干后近革质。菌盖半圆形、贝壳形、扇形或平伏至反卷，常常覆瓦状排列和左右相连，厚 1 ～ 3 mm，表面被粗毛或绒毛，有明显的同心环纹，初期淡白色，成熟后变浅黄色、灰褐色、棕黄色，因与藻共生常呈浅绿色或浅绿褐色，最后基部几乎变成光滑和黑色。边缘锐或钝，有时波浪状或浅裂。菌肉白色，厚达 2 mm。菌管与菌肉颜色相同，长 1 ～ 4 mm。孔面初淡白黄色至淡黄色，后变淡灰色至淡污褐色。管口多角形。担孢子圆柱形至椭圆形。

生态环境

夏秋季生长在多种阔叶树活立木、倒木、腐朽木及树桩上。

采集地点及编号

利川市 LC0168。

经济价值

可药用。

68. 绿盖裘氏牛肝菌 *Chiua virens* (Chiu) Hongo

牛肝菌目 Boletales 牛肝菌科 Boletaceae 牛肝菌属 *Chiua*

生物特征

子实体小型至中等大。菌盖直径 1.5 ~ 6.0 cm，半球形或扁半球形至近平展，幼时暗绿色或暗草绿色，老后深姜黄色至芥黄色，常有黄橄榄色鳞片且后期表皮龟裂而明显。菌肉淡黄色，稍厚。菌管浅刚果红色，长达 2 mm，离生，管口直径 1 ~ 2 mm，与菌管同色，近圆形。菌柄长 2.5 ~ 8.5 cm，直径 0.7 ~ 1.5 cm，淡青黄色或松黄色，并有黄橄榄色条纹，有时部分带红，基部带黄色或金黄色，实心。孢子淡橄榄色，椭圆形。

生态环境

夏秋季于针叶林地上单生或群生。

采集地点及编号

恩施市 ES1049；利川市 LC146、LC150、LC29。

经济价值

可食用。

69. 血红铆钉菇 *Chroogomphus rutilus* (Schaeff.) O.K. Mill

牛肝菌目 Boletales 铆钉菇科 Gomphidiaceae 色钉菇属 *Chroogomphus*

生物特征

子实体一般较小。菌盖宽3.5 ~ 7.5 cm，初期钟形或近圆锥形，成熟后平展，中部凹陷，浅咖啡色，湿时黏，干时有光泽。菌肉红色，干后淡紫红色，较厚。菌褶延生，密度稀，青黄色变紫褐色，不等长。菌柄长4.5 ~ 8.0 cm，直径1 ~ 2 cm，圆柱形，上粗下细，与菌盖色相近且基部带黄色，实心。上部往往有易消失的菌环。

生态环境

夏秋季于阔叶林中地上散生或群生。

采集地点及编号

鹤峰县 HF0215。

经济价值

可食用，也可药用。

70. 脆珊瑚菌 *Clavaria fragilis* Holmsk

伞菌目 Agaricales 珊瑚菌科 Clavariaceae 珊瑚菌属 *Clavaria*

生物特征

子实体较小。高 1.5 ～ 10.0 cm，直径 0.2 ～ 0.4 cm，细长圆柱形或长梭形，常稍弯曲，白色，老后变浅黄色，极脆，不分枝，实心，老后变中空，顶端尖，老后变钝。菌柄不明显。孢子无色，近椭圆形。

生态环境

夏秋季生长于林中地上丛生。

采集地点及编号

恩施市 ESWCP1009；利川市 LC1173。

经济价值

可食用，也可药用。

71. 假肉色珊瑚菌 *Clavaria pseudoincarnata* Franchi & M. Marchetti

伞菌目 Agaricales 珊瑚菌科 Clavariaceae 珊瑚菌属 *Clavaria*

生物特征

子实体较小。高 1.5 ～ 10.0 cm，直径 0.2 ～ 0.3 cm，细长圆柱形或长梭形，常稍弯曲，白色，老后变浅黄色，极脆，不分枝，实心，后变中空，顶端尖，后变钝。

生态环境

夏秋季生长于林中地上丛生。

采集地点及编号

恩施市 ESFES0085。

经济价值

尚不明确。

72. 佐林格珊瑚菌 *Clavaria zollingeri* Lev.

伞菌目 Agaricales 珊瑚菌科 Clavariaceae 珊瑚菌属 *Clavaria*

生 物 特 征

子实体小型。丛生，肉质，高 1 ~ 10 cm，密集成丛，基部常常相连一起，每一株通常不分枝，有时顶部分为两叉或多分叉的短枝，呈齿状。新鲜时具艳丽的菫紫色、水晶紫色，向上部分较暗，或基部渐褪色。菌肉很脆，浅紫色，味道温和，无异味。

生 态 环 境

夏秋季于针阔混交林中地上丛生或群生。

采 集 地 点 及 编 号

来凤县 LF008。

经 济 价 值

可食用。

73. 晶紫锁瑚菌 *Clavulina amethystina* (Bull.) Donk

鸡油菌目 Cantharellales 鸡油菌科 Hydnaceae 锁瑚菌属 *Clavulina*

生物特征

子实体小型。高 1.5 ~ 5.5 cm，宽 0.3 ~ 0.8 cm，以小型为主。子实体具不规则分枝，分枝基部较粗，顶端分枝密集，尖端较尖，分枝颜色与子实体同色，为浅紫褐色或土黄色。子实体幼年未成熟时，颜色较鲜艳，色泽饱满，呈乳白色至浅紫色，成熟时变紫罗兰色至紫棕色，表面较光滑，偶有部分具极少量的褶皱，子实层两面生。菌柄不明显或较短较粗壮，颜色较淡，呈苍白色或灰褐色。新鲜时质地较脆，无特殊气味。担孢子椭圆形、卵圆形至近球形。

生态环境

夏秋季于混交林的地上群生或丛生。

采集地点及编号

恩施市 ESFHS1058。

经济价值

可食用。

74. 悦色拟锁瑚菌 *Clavulinopsis laeticolor* (Berk. & M.A. Curtis) R.H. Petersen

伞菌目 Agaricales 珊瑚菌科 Clavariaceae 拟锁瑚菌属 *Clavulinopsis*

生物特征

子实体小型。往往从基部分叉成 4 ~ 6 枝生长，上部橘色，基部淡橘色，棒状，上部微细，子实体实心，韧质，气味淡近乎无。

生态环境

夏秋季于针阔混交林中地上丛生或群生。

采集地点及编号

恩施市 ESWCP1007。

经济价值

尚不明确。

75. 皱锁瑚菌 *Clavulina rugosa* (Fr.)Schroes.

鸡油菌目 Cantharellales 鸡油菌科 Hydnaceae 锁瑚菌属 *Clavulina*

生物特征

子实体较小。高 3.5 ~ 7.5 cm，直径 0.3 ~ 0.8 cm，从基部分为二分枝，或有极少不规则的分枝，常呈鹿角状，平滑或有皱纹，白色，干后谷黄色。菌肉白色，内实。孢子无色，有小尖，近球形。

生态环境

夏秋季于阔叶林地上丛生。

采集地点及编号

恩施市 ESBJ1003。

经济价值

可食用。

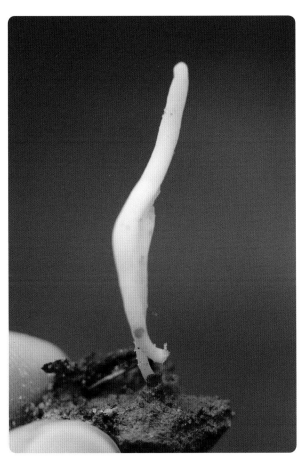

76. 暗灰红褶菌 *Clitocella obscura* (Pilát) Vizzini, Cons. & M. Marchetti

伞菌目 Agaricales 粉褶菌科 Entolomataceae 小斜伞属 *Clitocella*

生物特征

子实体小型至中大型。菌盖直径 3.5 ~ 5.5 cm，边缘有条纹，浅棕色，不黏，非水浸状。菌肉白色。菌褶延生，不等长，白色，密度中等。菌柄直径 0.4 ~ 0.7 cm，长 3.2 ~ 5.0 cm，灰色，基部稍膨大，实心，肉质。

生态环境

秋季于混交林地上单生或散生。

采集地点及编号

恩施市 ESFHSQ14。

经济价值

尚不明确。

77. 白霜杯伞 *Clitocybe dealbata* (Sow. : Fr.) Gill.

伞菌目 Agaricales 杯伞科 Clitocybaceae 杯伞属 *Clitocybe*

生物特征

子实体小型。菌盖直径 2 ~ 5 cm，表面白色或浅黄色或浅黄褐色。初期半球形，后中部稍下凹，有时呈漏斗状。边缘内卷或呈波浪状。菌肉白色具强烈的淀粉味。菌褶延生，密度稍密，白色或稍带黄色，长短不一。菌柄圆柱形，基部稍膨大，长 2.5 ~ 4.5 cm，直径 0.2 ~ 0.5 cm，纤维质，内部松软。孢子印白色。

生态环境

夏秋季于林中地上成群或成丛生长。

采集地点及编号

巴东县 BDJSH27。

经济价值

有毒。

78. 多色杯伞 *Clitocybe subditopoda* Peck

伞菌目 Agaricales 杯伞科 Clitocybaceae 杯伞属 *Clitocybe*

生物特征

子实体中大型。菌盖直径 3 ~ 5 cm，边缘无条纹，白色，菌盖上分布有棕色纤毛，呈漏斗状，非水浸状。菌肉白色。菌褶浅棕色，较密，直生，不等长。菌柄长 6 ~ 8 cm，直径 0.5 ~ 1.0 cm，空心，脆骨质，基部稍膨大。

生态环境

夏秋季于针阔混交林地上单生或散生。

采集地点及编号

鹤峰县 HF0105。

经济价值

尚不明确。

79. *Collybia brunneola* Vilgalys & O.K. Mill.

伞菌目 Agaricales 口蘑科 Tricholomataceae 金钱菌属 *Collybia*

生物特征

子实体中等大至大型。菌盖直径 4 ~ 10 cm，边缘灰白色，中央褐色，平展，四周上翘，中央具深褐色乳突，不黏，非水浸状。菌肉白色，无特殊气味。菌褶白色，密度中，弯生近离生，不等长。菌柄长 5 ~ 15 cm，直径 0.3 ~ 1.0 cm，浅褐色，圆柱形，脆骨质，中空，基部稍膨大。

生态环境

夏秋季于针阔混交林地上单生、散生。

采集地点及编号

巴东县 BD044。

经济价值

尚不明确。

80. 黄拟金钱菌 *Collybiopsis fulva* J.S. Kim & Y.W. Lim

伞菌目 Agaricales 类脐菇科 Omphalotaceae 微皮伞属 *Collybiopsis*

生物特征

子实体小型。菌盖直径 3 ~ 5 cm，边缘有条纹，边缘黄色，中央棕色，黏，菌盖平展，水浸状。菌褶白色，密度稀，直生，不等长。菌柄长 2 ~ 4 cm，直径 0.1 ~ 0.5 cm，棕色，有纤毛，空心。

生态环境

春夏季于针阔混交林枯枝上单生或散生。

采集地点及编号

咸丰县 XFSDX10001。

经济价值

尚不明确。

81. 梅内胡裸脚伞 *Collybiopsis menehune* (Desjardin, Halling & Hemmes) R.H. Petersen

伞菌目 Agaricales 类脐菇科 Omphalotaceae 微皮伞属 *Collybiopsis*

生物特征

子实体小型。菌盖直径 0.5 ~ 2.5 cm，初期凸镜形，渐变平展至凸镜形，不黏，光滑无毛，中部颜色较深，呈淡粉褐色至浅褐色，颜色向边缘渐淡。边缘幼时稍内卷，后伸展，稍有条纹或皱纹。菌肉薄，与菌盖同色至近白色。菌褶直生至延生，黄褐色。菌柄长 1.5 ~ 5.5 cm，直径 0.2 ~ 0.3 cm，中生，圆柱形，表面干燥，中空，上部浅黄色，下部褐色至深褐色。

生态环境

夏秋季于阔叶林地上群生或近丛生。

采集地点及编号

来凤县 LF1191。

经济价值

尚不明确。

82. 多纹裸脚伞 *Collybiopsis polygramma* (Mont.) R.H. Petersen

伞菌目 Agaricales 类脐菇科 Omphalotaceae 微皮伞属 *Collybiopsis*

生物特征

子实体小型。菌盖平展，棕色，阳光下半透明，不黏，边缘有条纹，非水浸状。菌肉棕色，薄。菌褶白色偏淡棕色，密度稀，直生或近弯生，不等长。菌柄长 3 ~ 7 cm，直径 0.1 ~ 0.3 cm，淡棕色，空心，脆骨质。

生态环境

夏秋季于腐木上散生或丛生。

采集地点及编号

巴东县 BDJSH19。

经济价值

尚不明确。

83. 近裸裸脚伞 *Collybiopsis subnuda* (Ellis ex Peck) R.H. Petersen

伞菌目 Agaricales 类脐菇科 Omphalotaceae 微皮伞属 *Collybiopsis*

生物特征

子实体中等大。菌盖直径 6.5 ~ 8.0 cm，边缘浅棕色，中央棕色，不黏，平展，边缘有纵条纹，非水浸状。菌肉薄，淡棕色。菌褶棕色，密度稀，直生或弯生，不等长。菌柄长 7 ~ 10 cm，直径 0.2 ~ 1.0 cm，棕色，空心，脆骨质，有假根。

生态环境

夏秋季于阔叶林中地上单生或散生。

采集地点及编号

鹤峰县 HF0139。

经济价值

尚不明确。

84. 厚集毛菌 *Coltricia crassa* Y.C. Dai

锈革孔菌目 Hymenochaetales 锈革孔菌科 Hymenochaetaceae 集毛菌属 *Coltricia*

生物特征

子实体小型至中等大。菌盖边缘浅黄色，中央深棕色，不黏，平展，中央稍凹陷，且被有齿绒毛，边缘有环纹，直径 3 ~ 5 cm，非水浸状。菌肉棕色，薄，气味稍甜。菌管极细，多角形，管面淡黄色至白色。菌柄长 3 ~ 4 cm，直径 0.5 ~ 1.0 cm，棕色，肉质，空心，圆柱形。

生态环境

夏秋季于针阔混交林地上散生或群生。

采集地点及编号

利川市 LC156。

经济价值

尚不明确。

85. 魏氏集毛孔菌 *Coltricia weii* Y.C.Dai

锈革孔菌目 Hymenochaetales 锈革孔菌科 Hymenochaetaceae 集毛菌属 *Coltricia*

生物特征

子实体小型。一年生，新鲜时革质，干后木栓质。菌盖圆形至漏斗形，直径 3 ~ 5 cm，中部厚 1.5 ~ 2.0 mm。表面锈褐色至暗褐色，具同心环区边缘薄，锐，呈撕裂状，干后内卷。孔口表面肉桂黄色至暗褐色，圆形至多角形。

生态环境

春夏季于林中地上散生或群生。

采集地点及编号

恩施市 ESFHS1057、ES1094、ES0101；利川市 LC1164；来凤县 LF006。

经济价值

尚不明确。

86. 辛格锥盖伞 *Conocybe singeriana* Hauskn.

伞菌目 Agaricales 粪锈伞科 Bolbitiaceae 锥盖伞属 *Conocybe*

生物特征

子实体小型。菌盖斗笠形，直径1.5 ~ 4.5 cm，表面黄褐色。菌肉白色，稍厚。菌褶黄色，密度密，不等长，弯生近直生。菌柄黄色，中空，圆柱形，脆骨质，长5 ~ 9 cm，直径0.2 ~ 0.5 cm，基部稍膨大。

生态环境

秋季散生于林中地上。

采集地点及编号

恩施市 ESFHSQ11。

经济价值

尚不明确。

87. 簇生鬼伞 *Coprinellus disseminatus* (Pers.) J.E. Lange

伞菌目 Agaricales 鬼伞科 Psathyrellaceae 小鬼伞属 *Coprinellus*

生物特征

　　子实体小型。菌盖膜质，初期卵形、钟形，稍后平展，直径 0.7 ~ 1.0 cm，中部黄色，边缘乳白色，不黏，非水浸状。菌肉白色，薄。菌褶离生，初期白色，渐灰色，成熟后黑色，密度稀，不等长。菌柄长 5 ~ 10 cm，直径 0.1 ~ 0.2 cm，表面白色，中空，圆柱形，基部有白色绒毛，孢子印黑褐色。

生态环境

　　春秋季于林中地上、腐木上丛生或群生。

采集地点及编号

　　恩施市 FHAQJ1112-02；利川市 LC0011。

经济价值

　　木材分解菌。

88. 晶粒小鬼伞 *Coprinellus micaceus* (Bull.) Vilgalys, Hopple & Jacq. Johnson

伞菌目 Agaricales 鬼伞科 Psathyrellaceae 小鬼伞属 *Coprinellus*

生物特征

子实体小型。菌盖直径 2 ~ 3 cm，初期卵形至钟形，后期平展，成熟后盖缘向上翻卷，淡黄色、黄褐色、红褐色至赭褐色，向边缘颜色渐浅呈灰色，水浸状。幼时有白色的颗粒状晶体，后渐消失。边缘有长条纹。菌肉近白色至淡赭褐色，薄。菌褶初期黄白色，后变黑色，离生、密、窄、不等长。菌柄白色，较韧，中空，圆柱形，长 3 ~ 10 cm，直径 0.3 ~ 0.5 cm。孢子印黑色。

生态环境

夏秋季于阔叶树根部地上、树干的朽烂部位，散生、丛生。

采集地点及编号

巴东县 BD039。

经济价值

有毒。

89. 辐毛小鬼伞 *Coprinellus radians* (Desm.) Vilgalys, Hopple & Jacq. Johnson

伞菌目 Agaricales 鬼伞科 Psathyrellaceae 小鬼伞属 *Coprinellus*

生物特征

子实体小型至中大型。菌盖幼时直径 0.2 ~ 0.6 cm，高 0.2 ~ 0.8 cm，成熟时直径 1 ~ 3 cm，初期球形至卵圆形，后渐展开且盖缘上卷，具有白色的毛状鳞片，中部呈深褐色、橄榄灰色，边缘白色，具小鳞片及条纹，老时开裂。菌肉白色，很薄，表皮下及柄基部带褐黄色。菌褶直生，白色至黑紫色，密度密，窄，不等长，自溶为黑汁状。菌柄细，白色，圆柱形或基部稍有膨大，长 2 ~ 8 cm，直径 0.4 ~ 0.8 cm，表面在初期常有白色细粉末。孢子印黑色。

生态环境

夏秋季于树桩及倒腐木上，往往散生或丛生。

采集地点及编号

巴东县 BD032。

经济价值

可食用。

90. 吉林拟鬼伞 *Coprinopsis jilinensis* G. Rao, H.N. Zhao, B. Zhang & Y. Li

伞菌目 Agaricales 鬼伞科 Psathyrellaceae 拟鬼伞属 *Coprinopsis*

生物特征

子实体小型至中等大。菌盖初期半球形至钟形，成熟后渐内卷，薄，直径 2 ~ 5 cm，边缘无条纹，非水浸状。菌肉浅灰色，薄。菌褶深棕色，密度中，直生，不等长。菌柄细长，灰白色，长 5 ~ 10 cm，直径 0.2 ~ 1.0 cm，质脆，柄中空，圆柱形，被有白色纤毛，基部稍膨大。

生态环境

夏秋季于针阔混交林中地上散生或群生。

采集地点及编号

巴东县 BDJSH12。

经济价值

尚不明确。

91. 兰氏拟鬼伞 *Coprinopsis laanii* (Kits van Wav.) Redhead, Vilgalys & Moncalvo

伞菌目 Agaricales 鬼伞科 Psathyrellaceae 拟鬼伞属 *Coprinopsis*

生物特征

子实体小型。初期卵形，成熟后稍展开，钟帽状，直径 0.2 ~ 0.4 cm，菌盖灰黑色，上面覆着白色绒毛，不黏，边缘具有长沟纹。菌肉薄，白色。菌褶灰黑色，密度密，不等长，离生近离生。菌柄细长，中生，圆柱形，灰白色，中空，长 3.5 ~ 5.0 cm，直径 0.2 ~ 0.4 cm，菌柄上被有白色绒毛。

生态环境

夏秋季于阔叶混交林地上单生或散生。

采集地点及编号

鹤峰县 HF1152。

经济价值

尚不明确。

92. 白绒拟鬼伞 *Coprinopsis lagopus* (Fr.)Redhead,Vilgalys & Moncalvo

伞菌目 Agaricales 鬼伞科 Psathyrellaceae 拟鬼伞属 *Coprinopsis*

生物特征

　　子实体小型。菌盖初期圆锥形至钟形，成熟后渐平展，薄，直径 3 ~ 5 cm，初期有白色绒毛，成熟后逐渐脱落，并有放射状棱纹达菌盖顶部，边缘最后反卷。菌肉白色，膜质，薄。菌褶白色，灰白色至黑色，离生，不等长。菌柄细长，白色，长 5 ~ 10 cm，直径 0.2 ~ 0.5 cm，质脆，有易脱落的白色绒毛状鳞片，柄中空，圆柱形。孢子椭圆形。

生态环境

　　夏秋季于林中地上散生或群生。

采集地点及编号

　　利川市 LC0012。

经济价值

　　可药用。

93. 毛头鬼伞 *Coprinus comatus* (O.F.Mll.) Pers.

伞菌目 Agaricales 鬼伞科 Psathyrellaceae 鬼伞属 *Coprinus*

生物特征

子实体小型至中等大。菌盖高 6 ~ 15 cm，直径 3 ~ 8 cm，幼圆筒形，后呈钟形，最后平展，初期白色，有丝样光泽，菌盖顶部淡土黄色，光滑，后渐变深色，表皮开裂成平伏而反卷的鳞片，边缘具细条纹。菌肉白色，中央厚，四周薄。菌褶初白色，后变为黑褐色，密度密，离生近延生，不等长。菌柄长 5 ~ 10 cm，直径 0.3 ~ 1.0 cm，白色，上细下粗，圆柱形或棒形，肉质，空心，基部明显膨大。

生态环境

夏秋季于林中或灌丛地上散生或群生。

采集地点及编号

利川市。

经济价值

有毒。

94. 布氏丝膜菌 *Cortinarius bridgei* Ammirati, Niskanen, Liimat., Bojantchev & L. Fang

伞菌目 Agaricales 丝膜菌科 Cortinariaceae 丝膜菌属 *Cortinarius*

生物特征

子实体中大型。菌盖直径 2.0 ~ 3.5 cm，半球形，边缘有纵条纹，边缘棕色，中央浅棕色，不黏，非水浸状。菌肉棕色，较厚。菌褶棕色，密度较密，直生，不等长。菌柄长 5 ~ 7 cm，直径 0.4 ~ 1.0 cm，灰色，空心，脆骨质。

生态环境

夏秋季于针阔混交林地上散生。

采集地点及编号

恩施市 ESBY0011。

经济价值

尚不明确。

95. 铬黄靴耳 *Crepidotus crocophyllus* (Berk.) Sacc

伞菌目 Agaricales 锈耳科 Crepidotaceae 靴耳属 *Crepidotus*

生物特征

　　子实体小型。菌盖直径 2 ~ 5 cm，平展，中央稍凹陷，边缘乳白色，中央深褐色，水浸后半透明，不黏，光滑。菌肉薄，白色。菌褶较密，离生近直生，不等长，初白色，后变褐色。菌柄长 2 ~ 6 cm，直径 0.2 ~ 0.5 cm，脆骨质，空心，圆柱形，白色，基部稍膨大。孢子印褐色。

生态环境

　　夏秋季于腐木上散生或群生。

采集地点及编号

　　恩施市 ESFHS021。

经济价值

　　尚不明确。

96. 黏靴耳 *Crepidotus mollis* (Schaeff. : Fr.) Gray

伞菌目 Agaricales 锈耳科 Crepidotaceae 靴耳属 *Crepidotus*

生物特征

子实体小型。菌盖直径 0.7 ~ 4.0 cm，半圆形至扇形，水浸后半透明，黏，干后纯白色，光滑，基部有毛，初期边缘内卷。菌肉薄，白色。菌褶较密，从盖至基部辐射而出，延生，初白色，后变褐色。孢子印褐色。孢子椭圆形或卵形。

生态环境

夏秋季于腐木上叠生。

采集地点及编号

恩施市 ESTPS1027。

经济价值

可食用。

97. 球孢靴耳 *Crepidotus sphaerosporus* (Patouillard) J.E. Lange

伞菌目 Agaricales 锈耳科 Crepidotaceae 靴耳属 *Crepidotus*

生物特征

子实体小型。菌盖直径 0.5 ~ 4.0 cm，半圆形至扇形，水浸后半透明，黏，干后显微黄色，光滑，基部有毛，初期边缘内卷，边缘有白色突刺。菌肉薄，白色。菌褶较密，从盖至基部辐射而出，延生，初白色，后变为褐色。孢子印褐色。孢子近球形。

生态环境

夏秋季于腐木上叠生。

采集地点及编号

恩施市 ESWCP00002。

经济价值

尚不明确。

98. 乳白蛋巢菌 *Crucibulum laeve* (Huds.) Kambly

伞菌目 Agaricales 鸟巢菌科 Nidulariaceae 白蛋巢菌属 *Crucibulum*

生物特征

子实体小型。杯状，直径 0.4 ~ 1.5 cm，向下渐细，基部有刚毛状菌丝垫。包被单层，外包被初期灰白色，有土黄色绒毛或粗毛，后期褐色，渐变光滑，初期杯口覆盖白色膜，后期脱落，内侧白色变灰褐色。小包双凸镜状，扁圆形，外层白膜脱落后呈黑灰色，由一纤细绳索体固定于包被中。孢子无色，光滑，椭圆形。

生态环境

夏秋季于针阔混交林腐木上单生或散生。

采集地点及编号

利川市 LC103。

经济价值

尚不明确。

99. 奶油栓孔菌 *Cubamyces lactineus* (Berk.) Lücking

多孔菌目 Polyporales 多孔菌科 Polyporaceae 属 *Cubamyces*

生物特征

子实体半圆形，边缘白色，中央棕色，不黏，直径 5 ~ 7 cm，非水浸状。菌肉白色，厚，1 ~ 3 mm。菌管多角形，白色，孔口约 0.1 mm。菌柄极短，几乎无。

生态环境

夏秋季于腐木上丛生或散生。

采集地点及编号

恩施市 ESBJ1001；利川市 LC1192。

经济价值

可药用。

100. 草地拱顶伞 *Cuphophyllus pratensis* (Pers.) Bon

伞菌目 Agaricales 蜡伞科 Hygrophoraceae 拱顶伞属 *Cuphophyllus*

生物特征

子实体小型。菌盖直径 2 ~ 5 cm，凸镜形至半球形，成熟后平展，浅杏色至橙色，表面光滑，边缘幼时光滑，后渐深波状，不黏，水浸状。菌肉白色，伤不变色。菌褶直生近延生，密度稍稀，浅杏色至奶黄色，不等长，褶缘近平滑。菌柄长 2.5 ~ 8.5 cm，直径 0.6~1.8 cm，圆柱形，浅杏色至污白色，圆柱形，上下等粗，脆骨质，中空，基部稍膨大。

生态环境

夏秋季于阔叶林地上单生、散生。

采集地点及编号

巴东县 BD046。

经济价值

可食用。

101. 铜色牛肝菌 *Cupreoboletus poikilochromus* (Poder, Cetto & Zuccherelli) Simonini, Gelardi & Vizzini

牛肝菌目 Boletales 牛肝菌科 Boletaceae 牛肝菌属 *Cupreoboletus*

生物特征

子实体中等至大型。菌盖半球形至扁半球形，直径 4 ~ 12 cm，表面灰褐色至深栗褐色，具微细绒毛或光滑，不黏。菌肉近白色，较厚，受伤处有时带红色或淡黄色。菌管白色至带粉红色，近直生至近离生。管口直径 0.4 ~ 0.8 mm，灰白色，单孔，圆形。菌柄圆柱形，上细下粗，或上下等粗，长 4.5 ~ 10.0 cm，直径 1.5 ~ 4.0 cm，近似菌盖色，表面有深褐色粗糙网纹，实心，肉质。孢子长椭圆形近梭形。

生态环境

夏秋季于林中地上单生或散生。

采集地点及编号

宣恩县 XEGL0205。

经济价值

可食用。

102. 任氏黑蛋巢菌 *Cyathus renweii* T X Zhou et R.L. Zhao

伞菌目 Agaricales 鸟巢菌科 Nidulariaceae 黑蛋巢菌属 *Cyathus*

生物特征

子实体倒圆锥形或杯形，高 0.8 ~ 1.0 cm，口部宽 0.4 ~ 0.6 cm，基部菌丝垫不明显。包被外侧浅褐色或污棕黄色，被有粉黄色、浅黄色至肉色的短毛，可结成小簇，纵条纹仅在靠口部处，不明显，内侧灰白色或浅灰色，纵条纹明显，口源具流苏，同外侧毛的颜色，小包扁圆，浅灰至灰色。

生态环境

夏秋季于枯枝上散生。

采集地点及编号

恩施市 ESTPS1020；鹤峰县 HF0106。

经济价值

可药用。

103. 粗糙鳞盖菇 *Cyptotrama asprata* (Berk. & Curt.) Sing

伞菌目 Agaricales 泡头菌科 Physalacriaceae 鳞盖菇属 *Cyptotrama*

生物特征

子实体橙黄色、柠檬黄色或金黄色。菌盖直径 0.8 ~ 4.0 cm，半球形或扁半球形，至近平展，表面粗糙，有近直立似角锥状小鳞片，后期往往有部分鳞脱落，边缘内卷。菌肉较薄，白色，近表皮处黄色，无明显气味。菌褶白色，直生或弯生，不等长，密度稀。菌柄柱形，稀弯曲，长 1 ~ 5 cm，粗 0.2 ~ 0.4 cm，内部实心至松软，具明显的鳞片，基部膨大。孢子宽椭圆形或卵圆形。

生态环境

夏秋季于地上单生或散生。

采集地点及编号

来凤县 LF017。

经济价值

木腐菌。

104. 深色环伞 *Cyclocybe erebia* (Fr.) Vizzini & Matheny

伞菌目 Agaricales 假脐菇科 Tubariaceae 环伞属 *Cyclocybe*

生物特征

子实体小型至中大型。菌盖边缘淡黄色，中央褐色，不黏，平展，中央凸起，边缘无条纹，直径 4.2 ~ 6.0 cm，水浸状。菌肉白色，不厚。菌褶黄色，密度中，延生，不等长。菌柄长 8.3 ~ 10.0 cm，直径 0.5 ~ 1.0 cm，褐色，空心，肉质，基部稍膨大。

生态环境

夏秋季于地上单生或散生。

采集地点及编号

咸丰县 XFSDX10012；巴东县 BDJSH13。

经济价值

尚不明确。

105. 皱盖囊皮菌 *Cystoderma amianthinum* (Scop. : Fr.) Fayod

伞菌目 Agaricales 菌瘿伞科 Squamanitaceae 囊皮菌属 *Cystoderma*

生物特征

子实体小型。菌盖直径 1.5 ～ 5.5 cm，扁半球形至近平展，黄褐色至橙黄色，中部色深，密被颗粒状鳞片和放射皱纹，边缘有菌幕残片。菌肉白色或淡黄色，薄。菌褶白色或淡黄色，近直生，密度密，不等长。菌柄长 1.5 ～ 5.5 cm，直径 0.2 ～ 0.5 cm，圆柱形，菌环以上白色或淡黄色，光滑，菌环以下同菌盖色，具小疣，基部稍膨大。菌环生菌柄的上部，膜质，易脱落。孢子印白色。孢子椭圆至卵圆形。

生态环境

夏秋季于针叶林中地上单生、散生或丛生。

采集地点及编号

利川市 LC0005、LC0006。

经济价值

可食用。

106. 奥氏囊小伞 *Cystolepiota oliveirae* P. Roux, Para í so, Maurice, A.–C. Normand & Fouchier

伞菌目 Agaricales 蘑菇科 Agaricaceae 囊小伞属 *Cystolepiota*

生物特征

子实体小型。菌盖斗笠形，白色，覆着有白色绒毛，直径 0.5 ~ 1.0 cm，非水浸状。菌肉白色，有气味。菌褶白色，密度中，离生，等长。菌柄长 1.5 ~ 2.0 cm，直径 0.1 ~ 0.5 cm，棕色至白色，空心，脆骨质，被白色绒毛。

生态环境

夏秋季于针叶林地上单生或散生。

采集地点及编号

恩施市 ESXLS0098。

经济价值

尚不明确。

107. 粪生黄囊菇 *Deconica merdaria* (Fr.) Noordel.

伞菌目 Agaricales 球盖菇科 Strophariaceae 黄囊菇属 *Deconica*

生物特征

　　子实体小型至中等大。菌盖半球形，锥形至凸镜形或近平展，直径 2 ~ 4 cm，白色偏棕色，不黏，非水浸状。菌褶深褐色，密度中，直生或近延生，不等长。菌柄具明显或不明显的菌环或环痕，长 3.5 ~ 6.5 cm，直径 1.5 ~ 2.5 cm，白色偏棕色，脆骨质，空心，基部稍膨大。孢子正面亚六角形或六角形。

生态环境

　　春秋季于食草动物粪上单生或散生。

采集地点及编号

　　宣恩县 XE004。

经济价值

　　尚不明确。

108. 楔盖假花耳 *Dacryopinax sphenocarpa* Shirouzu & Tokum.

花耳目 Dacrymycetales 花耳科 Dacrymycetaceae 假花耳属 *Dacryopinax*

生物特征

子实体微小。高 0.5 ～ 2.5 cm，呈鹿角形，上部不规则裂成叉状、不规则的瓣片，胶质，橙色，新鲜时软，干后橙红色。

生态环境

春秋季于针阔混交林的腐木上或木桩上群生。

采集地点及编号

恩施市 ES0178。

经济价值

尚不明确。

109. 粗糙拟迷孔菌 *Daedaleopsis confragosa* (Bort.:Fr.)Schroet

多孔菌目 Polyporales 多孔菌科 Polyporaceae 拟迷孔菌属 *Daedaleopsis*

生物特征

子实体中等至较大型。菌盖无柄，半圆形、扇形、肾形，叠生，直径 3.5 ～ 12.0 cm，宽 2 ～ 8 cm，厚 1.5 ～ 3.0 cm，边缘薄，污白色或黄褐色，具有红褐色同心环纹。菌肉白色至淡粉色。管孔长 0.5 ～ 1.5 cm，近黄褐色。孢子无色，柱状。

生态环境

夏秋季于腐木上群生或叠生。

采集地点及编号

鹤峰县 HF1138。

经济价值

可药用，木腐菌。

110. 栎圆头伞 *Descolea quercina* J. Khan & Naseer

伞菌目 Agaricales 粪锈伞科 Bolbitiaceae 环鳞伞属 *Descolea*

生物特征

子实体小型。菌盖直径 3.5 ~ 8.0 cm，水浸状，亮棕黄色至深棕黄色，幼时钟形，成熟后平展，中央稍凸起，具有明显松散的鳞状丛毛至鳞状颗粒。菌肉与菌盖同色或稍浅，较厚。菌褶直生，浅灰棕色至棕黄色，不等长，密度密。菌柄 3.5 ~ 12.0 cm，直径 0.5 ~ 1.5 cm，上端较细，向基部变粗，淡棕黄色至深黄褐色，菌环上部光滑，浅黄褐色，纵向为纤维状，菌环上位，膜质，与菌柄同色或稍浅，表面有纵条纹，背面稍有鳞片，边缘具附属物。

生态环境

夏秋季于林中地上单生、群生或散生。

采集地点及编号

恩施市 ESSC0024。

经济价值

尚不明确。

111. 细长棘刚毛菌 *Echinochaete russiceps* (Berk. & Br.) Reid

多孔菌目 Polyporales 多孔菌科 Polyporaceae 多孔菌属 *Echinochaeta*

生物特征

子实体直径 2.6 ~ 3.5 cm，菌盖棕色，不黏，耳形，分布有纤毛，非水浸状。菌肉浅黄色，厚。菌管 0.01 ~ 0.03 mm，多角形，管面、管里都是棕色。菌柄短，0.05 ~ 0.15 cm，深棕色，实心，肉质。

生态环境

夏秋季于针阔混交林腐木上散生。

采集地点及编号

恩施市 ES3180069。

经济价值

尚不明确。

112. 锐鳞环柄菇 *Echinoderma asperum* (Weinm. : Fr.) Gill

伞菌目 Agaricales 蘑菇科 Agaricaceae 锐鳞环柄菇属 *Echinoderma*

生物特征

子实体一般中等。菌盖直径 3.5 ~ 8.0 cm，初期半球形后近平展，中部稍凸起，表面干，黄褐色、浅茶褐色至淡褐红色，具有直立或颗粒状尖鳞片，中部密，后期易脱落。菌肉白色，稍厚。菌褶污白色，离生，密度密，不等长。菌柄长 3 ~ 8 cm，直径 0.3 ~ 0.8 cm，圆柱形，基部稍膨大，同菌盖色，具有近似菌盖上的小鳞片且易脱落，菌环以上污白色，以下褐色，内部空心。菌环膜质，上面污白色，下面同菌盖色，粗糙。孢子印白色。孢子无色，光滑，椭圆形。

生态环境

夏秋季于针阔混交林中地上散生或群生。

采集地点及编号

恩施市 ESSC0023。

经济价值

有毒。

113. 刺鳞鳞环柄菇 *Echinoderma echinacea* (J.E. Lange) Bon

伞菌目 Agaricales 蘑菇科 Agaricaceae 锐鳞环柄菇属 *Echinoderma*

生物特征

子实体小型。菌盖直径 1.0 ~ 3.5 cm，浅棕色，不黏，幼时钟形，被有角鳞，呈凸刺状。菌肉白色，较厚。菌柄长 2 ~ 4 cm，直径 0.2 ~ 0.8 cm，与菌盖同色，脆骨质，空心，被有鳞片，生有假根。

生态环境

夏秋季于针叶林地上散生。

采集地点及编号

恩施市 ES1076。

经济价值

尚不明确。

114. 粉褶菌属中的一种 *Entoloma ammophilum* G.M. Jansen, Dima, Noordel. & Vila

伞菌目 Agaricales 粉褶菌科 Entolomataceae 粉褶菌属 *Entoloma*

生物特征

子实体中等。菌盖直径 3 ~ 8 cm，菌盖浅棕色或污白色，不黏，漏斗状，边缘无条纹，非水浸状。菌肉白色，薄，无特殊气味。菌褶延生，密度密，不等长，同菌盖色。菌柄长 4 ~ 10 cm，直径 0.2 ~ 0.8 cm，圆柱形，白色，实心，肉质，基部稍膨大。

生态环境

夏秋季于阔叶林地上单生或散生。

采集地点及编号

恩施市 ESFHS08。

经济价值

尚不明确。

115. 蓝柄粉褶蕈 *Entoloma cyanostipitum* Xiao-Lan He & W.H. Peng

伞菌目 Agaricales 粉褶菌科 Entolomataceae 粉褶菌属 *Entoloma*

生物特征

　　子实体直径 3.5 ~ 5.0 cm，菌盖浅棕色，不黏，平展，边缘有条纹，菌盖覆有纤毛，非水浸状。菌肉浅棕色，有气味。菌褶稀，延生，不等长，浅棕色。菌柄长 3.5 ~ 5.0 cm，直径 0.2 ~ 1.0 cm，白色，空心，脆骨质，基部稍膨大。

生态环境

　　夏秋季于阔叶林或竹林地上散生。

采集地点及编号

　　宣恩县 XEJY1210。

经济价值

　　尚不明确。

116. 尤氏粉褶菌 *Entoloma eugenei* Noordel. & O.V. Morozova, Mycotaxon

伞菌目 Agaricales 粉褶菌科 Entolomataceae 粉褶菌属 *Entoloma*

生物特征

子实体直径 2.5 ～ 4.0 cm，菌盖蓝紫色，不黏，平展，边缘有条纹，非水浸状。菌肉白色，有气味。菌褶直生，密度中，不等长，蓝紫色。菌柄长 4.5 ～ 6.0 cm，直径 0.2 ～ 1.0 cm，白色，空心，脆骨质，基部稍膨大。

生态环境

夏秋季于针阔混交林地上单生或散生。

采集地点及编号

恩施市 ES3180063。

经济价值

尚不明确。

117. 石墨粉褶菌 *Entoloma graphitipes* E.Ludw.

伞菌目 Agaricales 粉褶菌科 Entolomataceae 粉褶菌属 *Entoloma*

生物特征

子实体小型至中等大。菌盖直径 3 ~ 6 cm，浅棕色，不黏，平展，且中央凹陷呈漏斗状，边缘无条纹，非水浸状。菌肉白色，有无气味。菌褶密，直生近延生，不等长，同菌盖色。菌柄长 3 ~ 8 cm，直径 0.5 ~ 2.5 cm，同菌盖色，空心，肉质，基部稍膨大，附着有大量白色菌丝体。

生态环境

夏秋季于针阔混交林地上单生或散生。

采集地点及编号

恩施市 ESFHS06。

经济价值

尚不明确。

118. 亨氏粉褶蕈 *Entoloma henricii* E.Horak & Aeberh

伞菌目 Agaricales 粉褶菌科 Entolomataceae 粉褶菌属 *Entoloma*

生物特征

　　子实体直径 5 ~ 9 cm，菌盖浅棕色，不黏，平展，边缘无条纹，非水浸状。菌肉白色，有无气味。菌褶弯生或近延生，密度中，不等长，白色。菌柄长 8 ~ 10 cm，直径 0.5 ~ 1.5 cm，白色，空心，脆骨质，基部稍膨大。

生态环境

　　夏秋季于针叶林地上单生或散生。

采集地点及编号

　　恩施市 ESFES1082。

经济价值

　　尚不明确。

119. 穆氏粉褶蕈 *Entoloma mougeotii* (Fr.)Hesler

伞菌目 Agaricales 粉褶菌科 Entolomataceae 粉褶菌属 *Entoloma*

生物特征

子实体小型。菌盖直径 2.5 ~ 3.0 cm，菌盖灰黑色，不黏，平展，边缘无条纹，有纤毛，非水浸状。菌肉白色，有无气味。菌褶中密，延生，不等长，白色。菌柄长 2.2 ~ 4.0 cm，直径 0.2 ~ 1.0 cm，白色，空心，脆骨质，基部稍膨大。

生态环境

夏秋季于针叶林地上散生。

采集地点及编号

恩施市 ESFES0084。

经济价值

尚不明确。

120. 日本粉褶蕈 *Entoloma nipponicum* T. Kasuya, Nabe, Noordel. & Dima

伞菌目 Agaricales 粉褶菌科 Entolomataceae 粉褶菌属 *Entoloma*

生物特征

　　子实体小型。菌盖直径 3 ~ 5 cm，菌盖浅棕色，不黏，平展，中央凹陷，边缘有纵条纹，非水浸状。菌肉白色，有无气味。菌褶延生，密度中，不等长，白色。菌柄长 7 ~ 10 cm，直径 2.2 ~ 3.5 cm，浅棕色，空心，脆骨质。

生态环境

　　夏秋季于针叶林地上单生或散生。

采集地点及编号

　　恩施市 ESBYP1047、ESWY0016。

经济价值

　　尚不明确。

121. *Entoloma velutinum* Hesler

伞菌目 Agaricales 粉褶菌科 Entolomataceae 粉褶菌属 *Entoloma*

生物特征

子实体小型至中等大。菌盖直径 3.5 ~ 6.0 cm，菌盖黄灰色，不黏，平展，中央凹陷，边缘无条纹，非水浸状。菌肉白色，无气味。菌褶中密，离生，不等长，白色。菌柄长 6.3 ~ 8.0 cm，直径 0.2 ~ 1.0 cm，白色，空心，纤维质。

生态环境

夏秋季于针阔混交林地上单生或散生。

采集地点及编号

恩施市 ES3180062。

经济价值

尚不明确。

122. 极细粉褶蕈 *Entoloma praegracile* Xiao Lan He & T.H.Li

伞菌目 Agaricales 粉褶菌科 Entolomataceae 粉褶菌属 *Entoloma*

生物特征

子实体菌小型。盖直径 1.0 ~ 2.5 cm，初凸镜形，成熟后平展，中部略凹陷或平整，淡黄色、淡黄色带粉色或橙黄色，水渍状。菌肉薄，与菌盖同色。菌褶淡黄色，直生带短延生小齿，较稀，不等长。菌柄 5 ~ 11 cm，直径 0.2 ~ 0.4 cm，圆柱形，与菌盖同色，光滑，中空，脆骨质。

生态环境

夏秋季于针阔叶林中地上散生或丛生。

采集地点及编号

恩施市 ESBYP0045、ES1039。

经济价值

尚不明确。

123. 方形粉褶蕈 *Entoloma quadratum* (Berk.&M.A.Curtis)E.Horak

伞菌目 Agaricales 粉褶菌科 Entolomataceae 粉褶菌属 *Entoloma*

生物特征

　　子实体小型。菌盖直径1.5 ~ 5.5 cm，初期斗笠形至圆锥形，成熟后平展，中央具明显尖突或乳突，菌盖表面橙黄色、橙红色至橙褐色，具直达菌盖中部的条纹。菌肉薄。菌褶与菌盖同色，直生至弯生，密度较稀，不等长。菌柄4.5 ~ 10.0 cm，直径0.2 ~ 0.5 cm，圆柱形，与菌盖同色，具丝状细条纹，中空，基部稍膨大。

生态环境

　　夏秋季于针阔叶林中地上单生或散生。

采集地点及编号

　　鹤峰县 HF1108、HF1109；恩施市 ES0083、ES00022。

经济价值

　　有剧毒。

124. 玫色粉褶蕈 *Entoloma roseotinctum* Noordel. & Liiv

伞菌目 Agaricales 粉褶菌科 Entolomataceae 粉褶菌属 *Entoloma*

生物特征

子实体小型。菌盖直径 3.5 ~ 5.5 cm，平展，中央深灰色，边缘浅灰色，不黏，边缘有辐射状条纹，菌盖中央分布有块鳞。菌肉白色。菌褶白色，密度中，直生，不等长。菌柄长 6 ~ 8 cm，直径 0.2 ~ 1.0 cm，浅灰透明，脆骨质，空心。

生态环境

夏秋季于针叶林中地上单生或散生。

采集地点及编号

恩施市 ES1081。

经济价值

尚不明确。

125. 柄生粉褶蕈 *Entoloma stylophorum* (Berk. & Broome) Sacc

伞菌目 Agaricales 粉褶菌科 Entolomataceae 粉褶菌属 *Entoloma*

生物特征

子实体小型。菌盖直径 1.5 ~ 5.5 cm，锥形，有时近钟形，中部具小乳突，灰白色，光滑，有不明显至稍明显条纹。菌肉薄，与菌盖同色。菌褶直生至延生，白色，密度中，不等长。菌柄长 3 ~ 5 cm，直径 0.1 ~ 0.3 cm，圆柱形，空心，脆骨质。

生态环境

夏秋季于混交林中地上单生或散生。

采集地点及编号

恩施市 ESFHS1066。

经济价值

尚不明确。

126. *Entoloma tricholomatoideum* (Karstedt & Capelari) Blanco-Dios

伞菌目 Agaricales 粉褶菌科 Entolomataceae 粉褶菌属 *Entoloma*

【生物特征】

子实体小型。菌盖直径 1.5 ~ 3.0 cm，边缘灰白色，中央棕色，不黏，平展，中央稍凸起，边缘有纵条纹，非水浸状。菌肉灰白色，无特殊气味。菌褶灰白色，密度中，延生，不等长。菌柄长 1.2 ~ 4.0 cm，直径 0.2 ~ 0.4 cm，圆柱形，棕色，脆骨质，空心。

【生态环境】

夏季于枯立木或腐木上散生、群生。

【采集地点及编号】

巴东县 BD038。

【经济价值】

尚不明确。

127. 灰紫粉褶蕈（参照种）*Entoloma cf. violaceum* Murrill

伞菌目 Agaricales 粉褶菌科 Entolomataceae 粉褶菌属 *Entoloma*

生物特征

子实体小型。菌盖直径 1 ~ 3 cm，耳形，有时近扇形或斗笠形，灰紫色，不黏，边缘有辐射状条纹，菌盖表面被有纤毛，非水浸状。菌肉白色近淡黄色，薄，无气味。菌褶白色，密度稀，离生，不等长。菌柄长 2.5 ~ 5.5 cm，直径 0.2 ~ 0.4 cm，灰色，脆骨质，空心，基部稍膨大。

生态环境

夏秋季于竹林地上单生或散生。

采集地点及编号

来凤县 LF001。

经济价值

尚不明确。

128. *Entoloma yanacolor* A. Barili, C.W. Barnes & Ordonez

伞菌目 Agaricales 粉褶菌科 Entolomataceae 粉褶菌属 *Entoloma*

生物特征

子实体小型至中等大。菌盖直径5～12 cm，平展，中央稍凹陷，棕色，不黏，边缘无条纹。菌肉薄，白色。菌褶淡粉色，直生至近延生，密度密，不等长。菌柄长4～8 cm，直径0.3～0.9 cm，圆柱形，白色，空心，肉质，基部明显膨大。

生态环境

夏秋季于混交林中地上单生或散生。

采集地点及编号

恩施市 ESFHS02。

经济价值

尚不明确。

129. 黑耳 *Exidia glandulosa* (Bull.) Fr.

木耳目 Auriculariales 木耳科 Auriculariaceae 黑耳属 *Exidia*

生物特征

子实体小型。菌盖直径 1.5 ~ 3.0 cm，高 1.5 ~ 4.0 cm，初期呈小瘤状，后扭曲相互连接呈脑状，黑色、黑褐色或灰褐色，平滑或表面有小疣点。担子纵裂为 4 瓣，小梗细长，星卵圆状。孢子无色，光滑，腊肠形或肾形。

生态环境

夏秋季于阔叶树枯枝上或腐木缝隙处或树皮上散生或群生。

采集地点及编号

恩施市 ESWCP00008。

经济价值

有毒。

130. 马尾拟层孔菌 *Fomitopsis massoniana* B.K. Cui, M.L. Han & Shun Liu

多孔菌目 Polyporales 拟层孔菌科 Fomitopsidaceae 拟层孔菌属 *Fomitopsis*

生物特征

子实体中等大。菌盖边缘淡黄色，中央棕色，不黏，半圆形，直径 6 ~ 8 cm，非水浸状。菌肉淡黄色。菌管 0.02 ~ 0.03 mm，白色偏淡黄色，多角形。菌柄极短。

生态环境

夏秋季于马尾松腐木上群生或散生。

采集地点及编号

来凤县 LF0191。

经济价值

木腐菌。

131. 似浅肉色拟层孔菌 *Fomitopsis subfeei* B.K. Cui & M.L.Han

多孔菌目 Polyporales 拟层孔菌科 Fomitopsidaceae 拟层孔菌属 *Fomitopsis*

生物特征

子实体小型至中等大。多年生，无柄盖形至平伏反卷，单生或数个聚生，木栓质。菌盖形状不规则，外伸可达 4 cm，宽可达 11 cm，基部厚可达 2.5 cm。表面棕褐色至暗褐色，光滑。边缘钝或锐，粉褐色。孔口表面粉红色至酒红色。

生态环境

夏秋季于阔叶树上散生或群生。

采集地点及编号

恩施市 ESWCP00011。

经济价值

木腐菌。

132. 肿黄皮菌 *Fulvoderma scaurum* (Lloyd) L.W. Zhou & Y.C. Dai

锈革孔菌目 Hymenochaetales 锈革孔菌科 Hymenochaetaceae 黄皮孔菌属 *Fulvoderma*

生物特征

子实体中等大。多年生，无柄盖形至平伏反卷，单生或数个聚生，木栓质。菌盖形状不规则，外伸至 5 cm，宽至 10 cm，基部厚可达 2 cm。表面黄色至暗黄色，不光滑。边缘钝或锐，白色。孔口表面白色，管里褐色。

生态环境

夏秋季于腐木上散生或叠生。

采集地点及编号

鹤峰县 HF1158。

经济价值

尚不明确。

133. 淡黄褐卧孔菌 *Fuscoporia gilva* (Schwein.) T. Wagner & M. Fisch.

锈革孔菌目 Hymenochaetales 锈革孔菌科 Hymenochaetaceae 褐孔菌属 *Fuscoporia*

生物特征

子实体中等大。一年生或多年生，平伏反卷至有菌盖，单生，瓦状叠生，新鲜时软木栓质。菌盖半圆形至贝壳形，直径 7 ~ 15 cm。菌盖表层灰棕色到浅黄褐色，光滑至褶皱，边缘锐利或钝，和菌盖表层同色或颜色略浅。孔口表层暗褐色到灰棕色，宽达 3 mm，蜜黄色，孔口圆形至角形，孔口壁薄，轻撕裂，菌管内有大量子实体刚毛。菌肉黄棕色，木栓质，厚仅 2 mm，菌管灰棕色，硬木栓质。

生态环境

夏秋季于腐木上散生或叠生。

采集地点及编号

巴东县 BDJSH34。

经济价值

尚不明确。

134. 条盖盔孢伞 *Galerina sulciceps* (berk.) boedijn

伞菌目 Agaricales 层腹菌科 Hymenogastraceae 盔孢伞属 *Galerina*

生物特征

　　子实体小型。菌盖边缘波状，菌盖直径 2 ~ 5 cm，光滑，膜质，韧，半球形至平展，中部稍下凹且具一小乳突，表面黏，黄褐色，浅茶褐色，干后暗红褐色至暗褐色。菌肉白色，较厚。菌褶直生至稍延生，密度稀，带褐色，不等长。菌柄圆柱形或扁压，似盖色，长 4 ~ 8 cm，直径 0.2 ~ 0.5 cm，内部实心或松软。孢子椭圆形至杏仁形，褐黄色。

生态环境

　　夏秋季于针阔混交林地上群生。

采集地点及编号

　　利川市 LC0009；恩施市 ES1080。

经济价值

　　有剧毒。

135. 树舌灵芝 *Ganoderma applanatum* (Pers.) Pat

多孔菌目 Polyporales 多孔菌科 Polyporaceae 灵芝属 *Ganoderma*

生物特征

子实体小型至中大型。无柄，木栓质到木质。覆瓦状，基部围绕基物形成圆形，疏松地附着在基物上，直径 8 ~ 20 cm，基部最厚达 5 cm。菌肉白色，厚，菌肉厚达 2.5 cm，形成不明显的两层，上层淡白色到木材色，下层淡褐色到褐色。菌盖略圆形或近扇形，宽 15 ~ 25 cm，厚 1.5 ~ 3.0 cm，表面暗紫褐色或污红褐色，稍有似漆样光泽，有显著的同心环沟和环带，平滑，边缘钝，完整或稍呈波浪状。

生态环境

夏秋季常于树木桩上散生或叠生。

采集地点及编号

恩施市 ESBYP0044、ES0053、ESFHS1061。

经济价值

可药用。

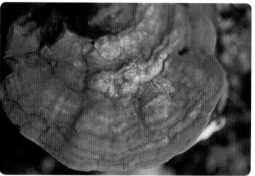

136. 有柄树舌 *Ganoderma gibbosum* (Ness) Pat

多孔菌目 Polyporales 多孔菌科 Polyporaceae 灵芝属 *Ganoderma*

生物特征

　　子实体中等大。有短柄，木栓质至木质，多年生。菌盖直径 5 ~ 15 cm，厚 2 ~ 3 cm，半圆形或近扇形，表面锈褐至土黄色，有圆心环带，后期龟裂，无光泽，边缘钝，完整。菌肉褐色或深，棕褐色，厚达 1.0 cm。菌管深褐色，长孔面污白色或褐色，管口近圆形。菌柄短粗，长 0.6 ~ 0.8 cm，直径 2.0 ~ 3.5 cm，同盖色，侧生。孢子淡褐色，卵圆或椭圆形。

生态环境

　　夏秋季常于腐木上散生。

采集地点及编号

　　恩施市 ESFHS1061。

经济价值

　　木腐菌。

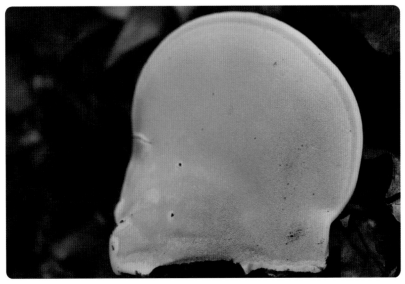

137. 赤芝 *Ganoderma lucidum* (Leyss.ex Fr.)Karst

多孔菌目 Polyporales 多孔菌科 Polyporaceae 灵芝属 *Ganoderma*

生物特征

子实体小型至中大型。菌盖木栓质，半圆形或肾形，宽 6 ~ 12 cm，厚 1 ~ 2 cm。皮壳坚硬，初期黄色，渐变成红褐色，有光泽，具环状棱纹和辐射状皱纹，边缘薄，常稍内卷。菌盖下表面菌肉白色至浅棕色，由无数菌管构成。菌柄侧生，长 6 ~ 19 cm，直径 0.8 ~ 2.0 cm，红褐色，有漆样光泽。菌管内有多数孢子。

生态环境

夏秋季常于阔叶树木桩旁散生。

采集地点及编号

宣恩县 XEJY1204；恩施市 ES1069、ESBJ0009；来凤县 LF010；利川市 LC34。

经济价值

可药用。

138. 褐毛地星 *Geastrum brunneocapillatum* J.O. Sousa, Accioly, M.P. Martín & Baseia

地星目 Geastrales 地星科 Geastraceae 地星属 *Geastrum*

生物特征

子实体小型。初期半生于土中，半埋生，外包一层黄色的膜质，长出土后龟裂，从顶部开始。内包被无柄，白色，圆形。直径 1.5 ~ 3.0 cm，成熟后开裂分瓣。

生态环境

秋季于林地上单生或散生。

采集地点及编号

恩施市 ES3180067。

经济价值

尚不明确。

139. 袋形地星 *Geastrum saccatum* Fr.

地星目 Geastrales 地星科 Geastraceae 地星属 *Geastrum*

生物特征

　　子实体一般较小。外包被基部深呈袋形，上半部裂为 4 ~ 7 片尖瓣。张开时直径可达 8 cm。初期埋土中或半埋生。外包被外表面光滑，蛋壳色，内侧肉质，干后变薄，浅肉桂灰色。内包被无柄，近球形，浅棕灰色，直径 1.5 ~ 2.0 cm，顶部咀明显，色浅，圆锥形，周围凹陷，有光泽。孢子球形，褐色。

生态环境

　　夏秋季于地上散生或群生。

采集地点及编号

　　恩施市 ESBYP1043、ESBYP1040。

经济价值

　　可药用。

140. 绒皮地星 *Geastrum velutinum* Morgan

地星目 Geastrales 地星科 Geastraceae 地星属 *Geastrum*

生物特征

子实体中型至大型。扁球形、卵形，直径 1.5 ~ 2.5 cm，高 1.5 ~ 3.0 cm，顶具小脐突或短喙，基部具菌丝簇，外包被有草黄色、肉色、土黄色之绒毛，且纠结成毛毡状。肉质层较厚，浅烟草棕色、棕色、茶褐色至暗栗色、近黑色，与纤维层贴生，裂片上的则沿裂片边缘收缩或呈横纹状或不规则开裂。纤维层淡草黄色、暗奶油色、沙土色至浅棕黄色，往往与菌丝体层分离，表面较平滑或多有纵皱纹。

生态环境

夏秋季于地上散生或群生。

采集地点及编号

宣恩县 XESDG1216。

经济价值

可药用。

141. 深褐褶菌 *Gloeophyllum sepiarium* (Wulfen) P. Karst

褐褶菌目 Gloeophyllales 褐褶菌科 Gloeophyllaceae 黏褶菌属 *Gloeophyllum*

生物特征

子实体小型至中等大。一年生或多年生。无柄或柄极短，覆瓦状叠生，革质。菌盖扇形，外伸 3.5 ~ 5.0 cm，宽 8 ~ 12 cm，基部厚可达 5 mm。表面黄褐色至黑色，粗糙，具瘤状凸起，具明显的同心环纹和环沟。菌褶锈褐色至深咖啡色，宽 0.1 ~ 0.5 cm，极少相互交织，深褐色至灰褐色，初期厚，渐变薄，波浪状。孢子圆柱形。

生态环境

夏秋于针叶树的倒木上散生或群生。

采集地点及编号

宣恩县 XEGL0212；咸丰县 XFZJH1008、XFZJH1009。

经济价值

可药用，木腐菌。

142. 粉红铆钉菇 *Gomphidius roseus* (Fr.) Fr.

牛肝菌目 Boletales 铆钉菇科 Gomphidiaceae 铆钉菇属 *Gomphidius*

【生物特征】

　　子实体小型至中型。菌盖直径 1 ~ 5 cm，白色，透明，不黏，平展，无条纹，非水浸状。菌肉白色，薄。菌褶白色，密度稀，直生近弯生，不等长。菌柄长 1.0 ~ 2.5 cm，直径 0.1 ~ 0.2 cm，白色，空心，脆骨质，基部稍膨大。

【生态环境】

　　夏秋季于腐叶上、地上单生或散生。

【采集地点及编号】

　　恩施市 FHSQ08、ES0007、ES009；利川市 LC47。

【经济价值】

　　可食用。

143. 桂花耳 *Guepinia helvelloides* (DC.) Fr.

花耳目 Auriculariales 花耳科 Dacrymycetsceae 花耳属 *Guepinia*

生物特征

子实体一般较小。胶质，匙形或近漏斗状，柄部半开裂呈管状，高 2 ～ 6 cm，宽 2.5 ～ 7.5 cm，浅土红色或橙褐红色，内侧表面被白色粉末，子实层面近平滑，或有皱或近似纲纹状，盖缘卷曲或后焰耳期呈波状，担子倒卵形，纵分裂成四部分。菌丝长。孢子宽椭圆形。

生态环境

夏秋季于草地上群生。

采集地点及编号

恩施市 ES0187。

经济价值

可食用，也可药用。

144. *Gymnopus earleae* Murrill

伞菌目 Agaricales 类脐菇科 Omphalotaceae 裸脚伞属 *Gymnopus*

生物特征

子实体小型至中等大。菌盖直径2～5 cm，边缘白色，中央褐色，不黏，平展，中央具乳突，边缘有纵条纹，非水浸状。菌肉白色，无特殊气味。菌褶白色，密度中，直生近离生，不等长。菌柄长3～8 cm，直径0.2～0.4 cm，上白下浅褐色，纤维质，空心，基部稍膨大。

生态环境

夏秋季于针阔混交林地上散生、群生。

采集地点及编号

巴东县 BD047。

经济价值

尚不明确。

145. 栎裸角菇 *Gymnopus dryophilus* (Bull.) Murrill

伞菌目 Agaricales 类脐菇科 Omphalotaceae 裸脚伞属 *Gymnopus*

生物特征

子实体小型。菌盖初期半球形，成熟后逐渐平展，直径 1.5 ~ 5.5 cm，光滑，黏，淡黄白色或淡土黄色，中部带黄褐色，周围色淡或白色。菌肉近白色或浅黄白色，薄。菌褶白色，密度密，不等长，褶缘平滑或有小锯齿。菌柄长 3.0 ~ 6.5 cm，直径 0.3 ~ 0.5 cm，圆柱形，基部稍膨大，淡黄白色或淡土黄色，基部褐色。

生态环境

夏秋季于针阔混交林地上群生。

采集地点及编号

建始县 JS0010、JS0011；恩施市 ESBYP004。

经济价值

可药用，有毒。

146. 臭味裸柄伞 *Gymnopus dysodes* (Halling) Halling & Mycotaxon

伞菌目 Agaricales 类脐菇科 Omphalotaceae 裸脚伞属 *Gymnopus*

生物特征

子实体中等大。菌盖平展，直径 1.5 ~ 3.5 cm，光滑，不黏，边缘红褐色，中部灰色，非水浸状。菌肉近白色或浅黄白色，薄。菌褶灰色，密度中，离生，不等长，褶缘平滑。菌柄长 2 ~ 7 cm，直径 0.2 ~ 0.5 cm，圆柱形，基部稍膨大，淡灰白色或淡土黄色，基部白色，中空，脆骨质。

生态环境

夏秋季于腐木上散生。

采集地点及编号

咸丰县 XFZJH1001。

经济价值

尚不明确。

147. 茂盛裸柄伞 *Gymnopus luxurians* (Peck) Murrill

伞菌目 Agaricales 类脐菇科 Omphalotaceae 裸脚伞属 *Gymnopus*

生物特征

子实体小型。菌盖平展，中央稍凸起，直径 1.0 ~ 3.5 cm，不黏，边缘白色，中部浅棕色，非水浸状。菌肉近白色或浅黄白色，薄。菌褶白色，密度密，直生，不等长。菌柄长 4 ~ 5 cm，直径 0.1 ~ 0.4 cm，圆柱形，淡灰白色或淡土黄色，基部白色，中空，脆骨质。

生态环境

夏秋季常于竹林枯竹上群生。

采集地点及编号

恩施市 ESFHS1067。

经济价值

尚不明确。

148. 褐黄裸柄伞 *Gymnopus ocior* (Bull.) P. Kumm.

伞菌目 Agaricales 类脐菇科 Omphalotaceae 裸脚伞属 *Gymnopus*

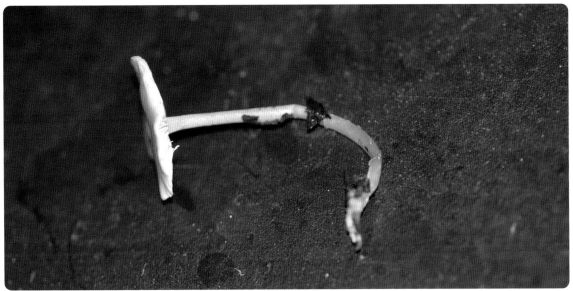

生物特征

子实体小型。菌盖平展，边缘乳白色，半透明，中央浅棕色，不黏，边缘无条纹，非水浸状。菌肉白色，薄。菌褶白色，密度中，直生，不等长。菌柄长 2.5 ~ 5.0 cm，直径 0.1 ~ 0.4 cm，棕色，空心，脆骨质。

生态环境

夏秋季于针叶林枯枝枯叶上单生或散生。

采集地点及编号

恩施市 ESTPS00033。

经济价值

尚不明确。

149. 枝生裸脚伞 *Gymnopus ramulicola* T.H. Li & S.F. Deng

伞菌目 Agaricales 类脐菇科 Omphalotaceae 裸脚伞属 *Gymnopus*

生物特征

子实体小型。菌盖直径 2 ~ 6 cm，幼时半球状至凸镜形，成熟后逐渐平展，边缘轻微上卷，幼时中部淡红色至粉红色，边缘微红色或桃红色带点白色，有时淡橙灰色，老时呈橙白色或淡橙色至淡黄白色或淡黄色，不黏，有不明显辐射状的条纹或沟纹。菌肉白色，薄。菌褶直生至近离生，密度稀，不等长，与菌盖同色至带些暗红色或淡灰红色。菌柄中生，长 1.5 ~ 4.5 cm，直径 0.2 ~ 0.3 cm，圆柱形，中空，基部通常稍膨大，近直插入基物内，顶端白色，表面具有白色细小绒毛，底部具有白色菌丝。

生态环境

夏秋季于阔叶林枯枝上群生或散生。

采集地点及编号

咸丰县 XFQLSH0002。

经济价值

尚不明确。

150. 黄褶裸伞 *Gymnopilus luteofolius* (Pk.)Sing

伞菌目 Agaricales 层腹菌科 Hymenogastraceae 裸伞属 *Gymnopilus*

生物特征

子实体小型至中等大。菌盖直径 2.5 ~ 5.0 cm，橙棕色，不黏，平展，边缘无纵条纹，非水浸状。菌肉薄，橙棕色。菌褶橙色，密度密，直生或近延生，等长，被有橙色粉末。菌环位于上部分，橙色，单层，膜质，脱落。菌柄长 3 ~ 10 cm，直径 0.2 ~ 0.8 cm，同菌盖颜色，空心，肉质，基部稍膨大。

生态环境

夏秋季于阔叶林中枯立木上单生或散生。

采集地点及编号

巴东县 BDJSH16。

经济价值

尚不明确。

151. 铅色短孢牛肝菌 *Gyrodon lividus* (Bull. : Fr.) Sacc.

牛肝菌目 Boletales 网褶菌科 Paxillaceae 圆孢牛肝菌属 *Gyrodon*

生物特征

子实体中等至较大，肉质。菌盖褐灰色，青褐色至暗褐红色，直径 4 ~ 10 cm，表面粗糙似有绒毛，边缘向内卷曲。菌肉黄白色，伤时变蓝色。菌柄短，长 2 ~ 6 cm，直径 0.4 ~ 0.8 cm，较盖色浅，实心，表面近光滑。菌管延生，黄绿褐色至青褐色，辐射状排列，管口大小不等，多角形。孢子带黄色，近圆球形至宽卵圆形。

生态环境

夏秋季于针叶林或针阔混交林中地上散生或群生。

采集地点及编号

鹤峰县 HF1134。

经济价值

可食用，外生菌根菌。

152. 褐圆孔牛肝菌 *Gyroporus castaneus* (Bull.) Quél.

牛肝菌目 Boletales 圆孢牛肝菌科 Gyroporaceae 圆孢牛肝菌属 *Gyroporus*

生物特征

子实体小型至中等大。菌盖直径 2 ~ 6 cm，扁半球形，成熟后渐平展下凹，淡红褐色至深咖啡色，不黏，有细微的绒毛。菌肉白色，较厚。菌管白色，后变淡黄色，离生近离生。菌柄长 3 ~ 10 cm，直径 0.5 ~ 2.5 cm，圆柱形，与菌盖同色，有微绒毛，上细下粗，空心。孢子印淡黄色。孢子近无色，椭圆形。

生态环境

夏秋季于针阔混交林中地上单生或丛生。

采集地点及编号

鹤峰县 HF1125。

经济价值

有毒。

153. 黄脚粉孢牛肝菌 *Harrya chromapes* (Frost) Halling et al.

牛肝菌目 Boletales 牛肝菌科 Boletaceae 哈里牛肝菌属 *Harrya*

生物特征

子实体小型至中等大。菌盖直径 2.5 ~ 6.0 cm，初期凸镜形，成熟后渐扁平至平展，不黏，具微绒毛，粉红色至桃红色，成熟后褪色。菌管及孔口淡粉色，伤变色无。菌柄长 3.5 ~ 8.0 cm，直径 0.5 ~ 2.0 cm，圆柱形，上细下粗，污白色，密被粉红色至红色鳞片，基部黄色。

生态环境

夏秋季于针阔混交林地上单生或散生。

采集地点及编号

恩施市 ESFES1078、ES1100、ES1103、ESBY0015。

经济价值

尚不明确。

154. 极香黏滑菇 *Hebeloma odoratissimum* **Britzelm.**

伞菌目 Agaricales 层腹菌科 Hymenogastraceae 黏滑菇属 *Hebeloma*

生物特征

子实体小型。菌盖肉桂色，表面光滑，不黏，边缘平滑，半球形。菌肉白色，厚，质地紧密。菌褶褐黄色，密度密，不等长，直生。菌柄长 3.5 ~ 6.5 cm，直径 0.2 ~ 0.5 cm，上细下粗，表面褐色，光滑，实心，脆骨质。

生态环境

夏秋季于阔交林中地上单生或散生。

采集地点及编号

利川市 LC0010。

经济价值

尚不明确。

155. 大孢滑锈伞 *Hebeloma sacchariolens* Quél.

伞菌目 Agaricales 层腹菌科 Hymenogastraceae 黏滑菇属 *Hebeloma*

生物特征

子实体较小。菌盖光滑而黏，土白色，中部带红色。菌盖初期扁半球形，成熟后平展，直径1.5 ~ 6.5 cm，边缘平滑无条棱。菌肉白色，薄。菌褶初期色淡，后变深肉桂色，弯生，密度密，不等长。菌柄圆柱形，基部弯曲，长 3 ~ 8 cm，直径 0.3 ~ 0.8 cm，同菌盖色，基部细长，空心。孢子近杏仁形。

生态环境

夏秋季于阔叶林中地上单生或散生。

采集地点及编号

利川市 LC0007。

经济价值

有毒。

156. 薄蜂窝孔菌 *Hexagonia tenuis* (Fr.) Fr.

多孔菌目 Polyporales 多孔菌科 Polyporaceae 蜂窝菌属 *Hexagonia*

生物特征

子实体中等大。一年生，无柄，覆瓦状叠生，干后硬革质。菌盖半圆形、贝壳形，外伸 3 ~ 5 cm，宽 5 ~ 8 cm，中部厚可达 2 mm。表面新鲜时灰褐色，干后赭色至褐色，光滑，具明显的褐色同心环纹。孔口表面初期浅灰色，后期烟灰色至灰褐色。

生态环境

夏秋季于腐木上散生或群生。

采集地点及编号

来凤县 LF0202。

经济价值

腐朽菌。

157. 细丽半小菇 *Hemimycena gracilis* (Quel.) Singer

伞菌目 Agaricales 小菇科 Mycenaceae 半小菇属 *Hemimycena*

生物特征

子实体小型。白色，菌盖直径0.8 ~ 1.5 cm，半球形，透明，非水浸状。菌肉白色，薄。菌褶白色，密度稀，直生近延生，不等长。菌柄长 1.5 ~ 3.5 cm，直径 0.1 ~ 0.2 cm，空心，脆骨质，半透明，基部稍膨大。

生态环境

夏秋季于腐木上单生或散生。

采集地点及编号

恩施市 ESBYP1038。

经济价值

尚不明确。

158. 勺形亚侧耳 *Hohenbuehelia petaloides* (Bull.) Schulzer

伞菌目 Agaricales 侧耳科 Pleurotaceae 亚侧耳属 *Hohenbuehelia*

生物特征

子实体较小。菌盖直径 2.5 ~ 6.5 cm，勺形或扇形，向柄部渐细，无后沿，光滑，初期白色，成熟后呈淡粉灰色至浅褐色，水浸状，稍黏，边缘有条纹。菌褶白色，不等长，密度密，延生。菌柄侧生或中生，污白色，有细绒毛，长 0.8 ~ 2.4 cm，直径 0.3 ~ 0.8 cm。孢子无色，近椭圆形。

生态环境

夏季于枯腐木上群生或近丛生。

采集地点及编号

来凤县 LF0197。

经济价值

可食用。

159. 黑斑厚瓤牛肝菌 *Hourangia nigropunctata* (W. F.Chiu)Xue T., Zhu L. Yang

牛肝菌目 Boletales 牛肝菌科 Boletaceae 厚瓤牛肝菌属 *Hourangia*

【生物特征】

子实体小型至中等大。菌盖黄橙色，边缘有黑褐色块鳞，不黏，平展，直径 4.5 ~ 6.5 cm，非水浸状。菌肉白色，较厚，有伤变色，呈紫色。菌管孔口 0.1 ~ 0.2 mm，多角形，管面及管里都是黄色。菌柄长 3 ~ 5 cm，直径 0.5 ~ 1.5 cm，上细下粗，淡棕色，肉质，实心，基部稍膨大。

【生态环境】

夏秋季于针阔混交林地上单生或散生。

【采集地点及编号】

利川市 LC61、LC149、LC154、LC13。

【经济价值】

有毒。

160. 尖锥形湿伞 *Hygrocybe acutoconica* (Clements) Sing.

伞菌目 Agaricales 蜡伞科 Hygrophoraceae 湿伞属 *Hygrocybe*

生物特征

子实体较小至中等大。菌盖直径 2 ~ 5 cm，钝圆锥形，后稍开展并且边缘向上反卷，蜡黄色，柠檬黄色。光滑，放射状开裂。黏，边缘薄，中央较厚。菌肉白色，较厚，味温和。菌褶离生，密度较密，后稍稀疏，不等长，同菌盖色。菌柄长 4 ~ 8 cm，直径 0.2 ~ 0.6 mm，基部淡色或白色，上下同粗，基部稍膨大，易开裂，空心，脆骨质。孢子椭圆形，无色。

生态环境

夏秋季于针阔混交林中地上散生或群生。

采集地点及编号

恩施市 ESFHS020。

经济价值

尚不明确。

161. **锥形湿伞** *Hygrocybe conica* (Schaeff.) P. Kumm.

伞菌目 Agaricales 蜡伞科 Hygrophoraceae 湿伞属 *Hygrocybe*

生物特征

子实体较小。伤时变黑色，菌盖初期圆锥形，成熟后呈斗笠形，直径 1.5 ~ 5.5 cm，橙红色、橙黄色或鲜红色，从顶部向四面分散出许多深色条纹，边缘常开裂。菌肉薄，浅黄色。菌褶浅黄色，密度稀，不等长，离生近直生。菌柄长 4 ~ 10 cm，直径 0.5 ~ 1.5 cm，表面带橙色并有纵条纹，空心，脆骨质，圆柱形，上细下粗。孢子光滑。孢子印白色。

生态环境

夏秋季于针阔混交林中地上散生或群生。

采集地点及编号

恩施市 ESBY0003、ES1010。

经济价值

有毒。

162. 灰褐湿伞 *Hygrocybe griseonigricans* T.H. Li & C.Q. Wang

伞菌目 Agaricales 蜡伞科 Hygrophoraceae 湿伞属 *Hygrocybe*

生物特征

子实体小型。菌盖直径 1.5 ~ 3.5 cm，幼时平展，老后边缘上翘，中央常有裂口，灰色，具黑褐色鳞片，老时部分鳞片脱落。菌肉薄，白色至带菌盖颜色。菌褶近白色至灰白色，延生或离生，不等长。菌柄长 5 ~ 8 cm，直径 0.2 ~ 0.6 cm，空心，脆骨质，上部偏黑色，下部灰黑色，圆柱形，基部稍膨大。

生态环境

夏秋季于阔叶林中地上单生或散生。

采集地点及编号

恩施市 ESFHS1063。

经济价值

尚不明确。

163. 二孢拟奥德蘑 *Hymenopellis raphanipes* (Berk.) R.H.Petersen

伞菌目 Agaricales 泡头菌科 Physalacriaceae 小奥德蘑属 *Hymenopellis*

生物特征

　　子实体中大型。菌盖直径 1.5 ~ 5.0 cm，幼时平展，老后边缘上翘，或向下弯曲，中央常有裂口，灰色，具黑褐色鳞片，中央颜色深黑色。菌肉厚，白色。菌褶近白色至白色，蜡质，易碎，密度密，不等长，延生。菌柄长 5 ~ 15 cm，直径 0.2 ~ 0.9 cm，近圆柱形，基部稍膨大，污白色至浅灰色。

生态环境

　　夏秋季于阔叶林中腐木上单生或散生。

采集地点及编号

　　利川市 LC1165、LC0176；恩施市 ESBJ019。

经济价值

　　可食用。

164. 长根菇 *Hymenopellis radicata* (Relhan) R.H. Petersen

伞菌目 Agaricales 泡头菌科 Physalacriaceae 奥德蘑属 *Oudemansiella*

生物特征

子实体中等大至大型。菌盖直径 2 ～ 10 cm，半球形至平展，中部微凸起，呈脐状，并有辐射状皱纹，光滑，湿时微黏，淡褐色、茶褐色、暗褐色。菌肉白色，薄。菌褶白色，直生至近离生，密度稀，不等长。菌柄圆柱形，长 5 ～ 15 cm，直径 0.3 ～ 0.8 cm，浅褐色，近光滑，有纵条纹，表皮脆骨质，肉部纤维质且松软，基部稍膨大且延生成假根，上细下粗。孢子印白色。孢子无色，近卵圆形至宽椭圆形。

生态环境

夏秋季于阔叶林的地上散生或群生。

采集地点及编号

恩施市 ESXLS0088。

经济价值

可食用。

165. 刚毛丝毛伏革菌 *Hyphoderma setigerum* (Fr.) DonkHS Donk

多孔菌目 Polyporales 丝皮革菌科 Hyphodermataceae 丝皮革菌属 *Hyphoderma*

生物特征

子实体小型。菌盖绿色，覆着小刺，靠近根部为灰黑色，不黏，菌盖似耳形。直径 3 ~ 5 cm。菌肉白色，薄。菌管白色近淡黄色，多角形。

生态环境

夏秋季于枯立木上散生或丛生。

采集地点及编号

咸丰县 XFPBYJQ0011。

经济价值

尚不明确。

166. 簇生垂幕菇 *Hypholoma fasciculare* (Huds.) P. Kumm.

伞菌目 Agaricales 球盖菇科 Strophariaceae 韧伞属 *Hypholoma*

生物特征

子实体小型至中大。菌盖直径 1.5 ~ 5.0 cm，初期圆锥形至钟形，成熟后近半球形至平展，中央钝至稍尖，硫黄色至盖顶稍红褐色至橙褐色，盖缘硫黄色至灰硫黄色，并吸水至稍水渍状。菌肉淡黄色，厚。菌褶直生至近弯生，密度密，不等长，初期硫黄色，成熟后变为橄榄紫褐色。菌柄长 1.5 ~ 6.0 cm，直径 0.2 ~ 0.6 cm，圆柱形，橙黄色，被纤维状鳞片空心，脆骨质。

生态环境

夏秋季群生或簇生于林中的腐木上。

采集地点及编号

宣恩县 XEGL0204；恩施市 ESLZB1118；巴东县 BDJSH10。

经济价值

有毒。

167. 多毛丝盖伞 *Inocybe bongardii* (Weinm.) Quél.

伞菌目 Agaricales 丝盖伞科 Inocybaceae 丝盖伞属 *Inocybe*

生物特征

　　子实体小型。菌盖直径2.5～4.5 cm，灰褐色，被有褐色斑块，老后脱落，非水浸状。菌肉褐色，薄。菌褶初期淡灰褐色，后呈褐色，褶边沿白色，直生，不等长，密度密。菌柄圆柱形，长3～8 cm，直径0.4～0.8 cm，肉红色，表皮有小纤毛状鳞片，基部稍膨大，内部实心。孢子印褐色。孢子椭圆形。

生态环境

　　夏秋季于针阔混交林中地上单生或群生。

采集地点及编号

　　鹤峰县 HF1150、HF0147。

经济价值

　　有毒。

168. 拟纤维丝盖伞 *Inocybe fibrosoides* Kühner

伞菌目 Agaricales 丝盖伞科 Inocybaceae 丝盖伞属 *Inocybe*

生物特征

　　子实体小型。菌盖直径 0.8 ~ 3.5 cm，幼时锥形，盖边缘具条纹状褶皱，后渐平展，盖中央具凸起，稻草黄色，中部深灰褐色，表面有较明显的细缝裂至开裂，呈放射状条纹，盖缘无丝膜状残留。菌肉白色，厚。菌褶初期灰白色，后变黄褐色，密度密，直生或延生，褶片较薄，褶缘与褶面同色。菌柄长 4.5 ~ 8.0 cm，直径 0.3 ~ 0.5 cm，实心，与菌盖同色，上下等粗，圆柱形，菌柄表面被细密白霜，直至柄基部，呈现纵条纹，菌柄菌肉纤维质，柄基部膨大处菌肉非纤维质，较硬，无特殊气味。

生态环境

　　夏季于阔叶林内地上单生。

采集地点及编号

　　恩施市 ESBY0009。

经济价值

　　尚不明确。

169. 淡黄丝盖伞 *Inocybe flavella* P. Karst.

伞菌目 Agaricales 丝盖伞科 Inocybaceae 丝盖伞属 *Inocybe*

生物特征

子实体小型。菌盖直径 0.8 ~ 2.5 cm，伞形，棕黄色，不黏，边缘有纵条纹，非水浸状。菌肉白色，较厚。菌褶灰白色，密度中，直生近离生，不等长。菌柄长 8 ~ 18 cm，直径 0.5 ~ 1.0 cm，黄白色，细长，圆柱形，纤维质，实心，基部稍膨大。

生态环境

夏季于阔叶林内地上单生或散生。

采集地点及编号

巴东县 BDJSH24。

经济价值

尚不明确。

170. 膝曲丝盖伞 *Inocybe geniculata* Matheny & Bougher

伞菌目 Agaricales 丝盖伞科 Inocybaceae 丝盖伞属 *Inocybe*

生物特征

子实体小至中等大。菌盖平展，后期边缘翘起，橘黄色、赭黄，中央颜色较深，直径 3.0 ~ 7.5 cm。菌肉淡黄色，厚。菌褶直生至近离生，密度密，不等长，黄色。菌柄淡黄色，长 4.5 ~ 7.5 cm，直径 0.5 ~ 0.8 cm，有淡褐色斑点，空心，脆骨质，近圆柱形，基部稍膨大。

生态环境

夏季于阔叶林内地上单生或散生。

采集地点及编号

恩施市 ESBJ1224。

经济价值

尚不明确。

171. 丝盖伞属中的一种 *Inocybe murina* E. Larss., C.L. Cripps & Vauras

伞菌目 Agaricales 丝盖伞科 Inocybaceae 丝盖伞属 *Inocybe*

生物特征

子实体小型。菌盖幼时半球形，成熟后逐渐平展，中央稍凸起，表面灰白色，中央浅棕色，直径 2 ~ 6 cm，不黏，非水浸状。菌肉白色，较厚。菌褶直生至近离生，密度密，不等长，棕色。菌柄近白色，实心，纤维质，近圆柱形，基部稍膨大。

生态环境

夏季于阔叶林内地上单生或散生。

采集地点及编号

来凤县 LF020。

经济价值

尚不明确。

172. 尖顶丝盖伞 *Inocybe napipes* J.E. Lange

伞菌目 Agaricales 丝盖伞科 Inocybaceae 丝盖伞属 *Inocybe*

生物特征

子实体小型。菌盖直径 1.5 ~ 2.5 cm，锥形至斗笠形，顶部凸尖，锈褐色，中部棕褐色，被纤毛或绒毛，有丝光，边缘辐射开裂或上翘。菌肉黄褐色，薄。菌褶褐黄至锈褐色，直生或弯生，不等长。菌柄长 3.5 ~ 6.5 cm，直径 0.3 ~ 0.5 cm，圆柱形，上细下粗，基部膨大，有纵条纹和纤毛，实心。

生态环境

夏秋季于针叶林中地上散生。

采集地点及编号

恩施市 ESXLS1093。

经济价值

有毒。

173. 拟星孢丝盖伞 *Inocybe pseudoasterospora* Kühner & Boursier

伞菌目 Agaricales 丝盖伞科 Inocybaceae 丝盖伞属 *Inocybe*

生物特征

子实体较小型。菌盖直径 2.0 ~ 5.5 cm，边缘浅棕色，中央灰白色，菌盖表面不黏，平展，中央稍凹陷，边缘无条纹，被有角鳞。菌肉浅灰黄色，较薄。菌褶黄浅灰黄色，密度中，直生近离生，不等长。菌柄长 3 ~ 8 cm，直径 0.2 ~ 0.8 cm，上部分浅棕色，下部分白色，圆柱形，纤维质，实心，基部稍膨大。

生态环境

夏秋季于混交林中地上单生或散生。

采集地点及编号

恩施市 ESBJ018。

经济价值

尚不明确。

174. 芳香丝盖伞 *Inocybe redolens* Matheny, Bougher & G. M. Gates

伞菌目 Agaricales 丝盖伞科 Inocybaceae 丝盖伞属 *Inocybe*

生物特征

子实体较小型。菌盖直径 1.5 ~ 4.5 cm，边缘浅棕色，中央深棕色，菌盖表面黏，斗笠形，边缘无条纹，分布有块鳞。菌肉棕色，较薄。菌褶黄白色，密度密，直生近离生，不等长。菌柄长 4 ~ 7 cm，直径 0.2 ~ 0.8 cm，深棕色，被有白色鳞片，圆柱形，脆骨质，空心。

生态环境

夏秋季于混交林中地上散生或群生。

采集地点及编号

来凤县 LF1188。

经济价值

尚不明确。

175. 翘鳞蛋黄丝盖伞 *Inocybe squarrosolutea* (CornerE. Horak) Garrido

伞菌目 Agaricales 丝盖伞科 Inocybaceae 丝盖伞属 *Inocybe*

生物特征

子实体小型。菌盖直径 0.5 ~ 3.3 cm，幼时钟形，成熟后渐平展，具钝凸起，幼时边缘内卷，后逐渐平展，中部被翘起的粗毛鳞片，向边缘渐为平伏纤维丝状至细缝裂，亮黄色至橘黄色，中部橘黄色至暗褐色。菌褶直生或离生，密度较密，幼时黄色至橘黄色，成熟后褐色，不等长。菌柄长 3.5 ~ 6.0 cm，直径 0.2 ~ 0.4 cm，上细下粗，圆柱形，基部明显膨大，实心，纤维丝状至环带状、橘黄色鳞片，顶部具白色粉末状颗粒。

生态环境

夏季于阔叶林内地上单生或群生。

采集地点及编号

恩施市 ESBJ1011。

经济价值

有毒。

176. 丝盖伞属中的一种 *Inocybe suaveolens* D. E. Stuntz

伞菌目 Agaricales 丝盖伞科 Inocybaceae 丝盖伞属 *Inocybe*

生物特征

子实体小型。菌盖直径 0.5 ~ 3.0 cm，边缘灰白色，中央深灰色，不黏，幼时斗笠形，成熟后逐渐平展，边缘有条纹，非水浸状。菌肉灰白色，薄。菌褶灰白色，密度密，直生，不等长。菌柄长 3 ~ 6 cm，直径 0.2 ~ 0.6 cm，灰白色，纤维质，空心，被有腺点，圆柱形，基部稍膨大。

生态环境

夏季于阔叶林内地上单生或群生。

采集地点及编号

来凤县 LF024。

经济价值

尚不明确。

177. 四角孢丝盖伞 *Inocybe tetragonospora* Kühner

伞菌目 Agaricales 丝盖伞科 Inocybaceae 丝盖伞属 *Inocybe*

生物特征

子实体小型。菌盖直径 1.8 ~ 4.3 cm，边缘浅棕色，中央深棕色，不黏，斗笠形，中央乳突状，有纵向条纹。菌肉乳白色，较厚。菌褶乳白色，密度中，直生近弯生，不等长。菌柄长 4.5 ~ 6.5 cm，直径 0.4 ~ 0.8 cm，浅棕色，圆柱形，被有纤毛，脆骨质，空心，基部稍膨大。

生态环境

夏秋季于阔叶林内地上单生或群生。

采集地点及编号

恩施市 ES0184、ES00018。

经济价值

尚不明确。

178. 荫生丝盖伞 *Inocybe umbratica* Quél.

伞菌目 Agaricales 丝盖伞科 Inocybaceae 丝盖伞属 *Inocybe*

生物特征

子实体小型。菌盖直径 1.3 ~ 2.6 cm，幼时钟形，成熟后渐平展，菌盖中央具明显凸起，菌盖表皮橙黄色至橙红色，纤维丝状、平滑，不黏，老后橙红色表皮破裂或成不规则鳞片状，菌盖边缘破损至开裂，幼时菌盖边缘内卷，后渐平展。菌肉有明显的香甜气味，菌盖菌肉肉质，乳白色。菌褶初期乳白色或乳黄色，后变褐灰色，靠近菌盖边缘区域菌褶带橙红色，密度密，直生。菌柄长2.5 ~ 6.5 cm，直径 0.2 ~ 0.4 cm，实心，乳黄色至水泥灰色，上下等粗，基部球形膨大，膨大处直径 0.3 ~ 0.5 cm，柄顶部被细密白霜，向下渐为褐色霜。

生态环境

夏秋季于阔叶林地上散生或群生。

采集地点及编号

鹤峰县 HF0102；恩施市 ESBY0006；来凤县 LF004。

经济价值

尚不明确。

179. 丝盖伞属中的一种 *Inocybe immigrans* Malloch

伞菌目 Agaricales 丝盖伞科 Inocybaceae 丝盖伞属 *Inocybe*

生物特征

子实体小型。菌盖直径 2 ~ 5 cm，棕色，伞形，边缘有纵条纹，中央盖膜分裂，成熟后边缘内卷。菌肉灰白色，薄。菌褶棕色，密度中，直生近延生，不等长。菌柄长 4 ~ 10 cm，直径 0.2 ~ 0.8 cm，棕色，肉质，实心，圆柱形，基部稍膨大。

生态环境

夏秋季于阔叶林地上散生或群生。

采集地点及编号

巴东县 BDJSH26。

经济价值

尚不明确。

180. 毛腿库恩菇 *Kuehneromyces mutabilis* (Schaeff.) Singer & A.H. Sm

伞菌目 Agaricales 层腹菌科 Hymenogastraceae 库恩菌属 *Kuehneromyces*

生物特征

子实体小型至中等大。菌盖直径 1.5 ~ 6.5 cm，初期半球形或凸镜形，成熟后平展，边缘内卷中部常凸起，菌盖表面湿时稍黏，水渍状光滑或带有白色不明显的纤丝，黄褐色至茶褐色，中部往往带红褐色，湿时色深，干时色浅。菌肉白色或淡黄褐色，薄，柔软，气味弱，微有香味。菌褶直生或稍延生，密度密，初期淡色后期锈褐色。菌柄中生，长 3.5 ~ 8.5 cm，直径 0.2 ~ 0.6 cm，上下等粗，有时向基部渐细，菌环以上黄褐色具粉状物，菌环以下黑褐色，具反卷的灰白色至褐色的鳞片，菌柄基部无附着物或具白色绒毛内部松软后变中空。菌环上位，膜质。

生态环境

夏秋季于阔叶树倒木或伐桩上丛生。

采集地点及编号

恩施市 ESBJ1004。

经济价值

有毒。

181. 紫晶蜡蘑 *Laccaria amethystina* Cooke

伞菌目 Agaricales 白蘑科 Hydnangiaceae 蜡蘑属 *Laccaria*

生物特征

子实体小型。菌盖紫色，直径 1.3 ~ 4.1 cm，四周较凸，中央较平坦，正中央通常略有凹陷，潮湿时为较深的紫丁香色，干燥时颜色会退去，初扁球形，后渐平展，中央下凹成脐状，蓝紫色或藕粉色，干燥时灰白色带紫色，边缘波状或瓣状并有粗条纹。菌肉同菌盖色，薄。菌褶蓝紫色，直生或近弯生，密度稀，不等长。菌柄长 4.5 ~ 10.0 cm，直径 0.2 ~ 0.4 cm，有绒毛，纤维质，实心，下部常弯曲，圆柱形。孢子印白色。

生态环境

夏秋季于林中地上单生、群生或近丛生。

采集地点及编号

恩施市 ESXLS1088；来凤县 LF029。

经济价值

可食用。

182. 泪褶毡毛脆柄菇 *Lacrymaria lacrymabunda* (Bull.) Pat.

伞菌目 Agaricales 鬼伞科 Psathyrellaceae 毡毛脆柄菇属 *Lacrymaria*

生物特征

子实体小型至中等大。菌盖直径 1 ~ 3 cm，边缘黄棕色，中央黄褐色，不黏，半球形，表面被有粗糙绒毛，非水浸状。菌肉浅棕色，厚。菌褶浅棕色，密度中，离生近直生，不等长。菌柄长 4 ~ 12 cm，直径 0.4 ~ 1.0 cm，浅棕色，圆柱形，纤维质，空心，基部稍膨大。

生态环境

夏秋季于草地上散生或群生。

采集地点及编号

宣恩县 XE013、XE014。

经济价值

有毒。

183. 东亚乳菇 *Lactarius asiae-orientalis* X.H. Wang

红菇目 Russulales 红菇科 Russulaceae 乳菇属 *Lactarius*

生物特征

子实体小型至中等大。菌盖直径 5 ~ 9 cm，平展，中部下凹往往呈浅漏斗状，湿时黏，浅棕色，边缘伸展或呈波状。菌肉浅黄色，较厚。菌褶浅黄色，密度中，不等长，直生或近延生。菌柄近圆柱形，长 4.5 ~ 8.5 cm，直径 0.5 ~ 0.8 cm，上部淡黄色，下部淡红色，空心，脆骨质，基部有假根。

生态环境

夏秋季于阔叶林中地上单生或散生。

采集地点及编号

鹤峰县 HF0146、HF1106。

经济价值

尚不明确。

184. 缘囊体乳菇 *Lactarius cheilocystidiatus* X.H. Wang, W.Q. Qin & Fang Wu

红菇目 Russulales 红菇科 Russulaceae 乳菇属 *Lactarius*

生物特征

子实体中等大。菌盖直径 4.5 ~ 8.5 cm，平展，中部下凹往往呈浅漏斗状，浅棕色，被有环纹。菌肉白色，较厚。菌褶白色，密度密，不等长，直生近延生。菌柄近圆柱形，长 3.1 ~ 4.8 cm，直径 0.5 ~ 1.2 cm，与菌盖同色，空心，脆骨质。

生态环境

夏秋季于混交林地上单生或散生。

采集地点及编号

恩施市 ESBJ1014。

经济价值

尚不明确。

185. *Lactarius parallelus* H. Lee, Wisitr. & Y.W. Lim

红菇目 Russulales 红菇科 Russulaceae 乳菇属 *Lactarius*

生物特征

　　子实体小型至中等大。菌盖直径 3.2 ~ 6.5 cm，初期扁半球形，成熟后平展，中央下凹或脐状，表面光滑，湿时黏，浅灰色至灰褐色，菌盖边缘初期内卷，后平展上翘。菌肉污白色，乳汁白色，不变色。菌褶直生或近延生，密度稀，不等长，浅灰褐色。菌柄长 2.5 ~ 6.0 cm，直径 0.5 ~ 1.2 cm，与菌盖同色，圆柱形，有时有窝斑。

生态环境

　　夏秋季于阔叶林地上单生或散生。

采集地点及编号

　　鹤峰县 HF0133。

经济价值

　　有毒。

186. 红汁乳菇 *Lactarius hatsudake* Nobuj. Tanaka

红菇目 Russulales 红菇科 Russulaceae 乳菇属 *Lactarius*

生物特征

子实体中等大至大型。菌盖直径6～12 cm，淡黄色，湿时黏，平展，成熟后中央凹陷成漏斗状，非水浸状。菌肉白色，厚，有香味，伤变色为绿色。菌褶紫色，密度中，不等长，直生近延生。菌柄长5.5～8.0 cm，直径1～2 cm，上棕色下白色，上粗下细，肉质，空心，圆柱形。

生态环境

夏秋季于针叶林地上单生或散生。

采集地点及编号

利川市 LC07。

经济价值

可食用。

187. 李玉乳菇 *Lactarius liyuanus* X.H. Wang, S. Q. Cao, W. Q. Qin

红菇目 Russulales 红菇科 Russulaceae 乳菇属 *Lactarius*

生物特征

　　子实体中等至较大。菌盖直径 6 ~ 15 cm，初期扁半球形，后期呈浅漏斗状，表面平滑至稍粗糙，赭色或黄褐色，往往边缘色浅，具深色环纹，菌盖黄褐色具环纹、边缘具毛，菌柄具窝斑，乳汁白色，不变色，具辣味。幼时边缘内卷，老后呈波状或开裂。菌肉污白色，后期色变暗色。菌褶延生，淡红褐色，密度稀，分叉和有横脉，不等长，后期变深暗色。菌柄短粗，污白色，后期呈浅褐色或赭色或赭色，长 1.2 ~ 3.0 cm，直径 0.8 ~ 1.6 cm，较硬。孢子具尖而高的条脊，大囊体较小。担子为 4 孢，孢子较小，具高而尖的条脊。

生态环境

　　夏秋季于阔叶林地上散生。

采集地点及编号

　　宣恩县 XEGL1214。

经济价值

　　有毒。

188. *Lactifluus luteolamellatus* H. Lee & Y.W. Lim

红菇目 Russulales 红菇科 Russulaceae 多汁乳菇属 *Lactifluus*

生物特征

　　子实体中等大。菌盖直径 6 ~ 12 cm，平展，中部有脐状且有沟壑，橙色，不黏，菌盖表面覆着有粉末，非水浸状。菌肉白色，较厚，有白色汁液。菌褶白色，密度中，直生或近延生，不等长。菌柄长 4.5 ~ 7.0 cm，直径 0.3 ~ 1.0 cm，菌柄橙黄色，被有橙色斑块，脆骨质，空心。

生态环境

　　夏秋季于混交林地上单生或散生。

采集地点及编号

　　鹤峰县 HF1142。

经济价值

　　尚不明确。

189. 黄美乳菇 *Lactarius mirus* X.H. Wang, W.Q. Qin, Z.H Chen, W.Q. Deng & Z. Wang

红菇目 Russulales 红菇科 Russulaceae 乳菇属 *Lactarius*

生物特征

子实体中等大。菌盖直径 3.5 ~ 6.0 cm，棕色，不黏，湿时黏，平展，成熟后中央微微凹陷，非水浸状。菌肉白色，厚，有黄色汁液。菌褶乳白色，密度中，不等长，直生近延生。菌柄长 5.5 ~ 7.5 cm，直径 0.6 ~ 1.2 cm，上棕色下白色，脆骨质，空心，圆柱形。

生态环境

夏秋季于林地上单生或散生。

采集地点及编号

宣恩县 XEJY1213。

经济价值

尚不明确。

190. 欧姆斯乳菇 *Lactarius oomsisiensis* Verbeken & Halling

红菇目 Russulales 红菇科 Russulaceae 乳菇属 *Lactarius*

生物特征

子实体中等大。菌盖直径 3.8 ~ 6.2 cm，幼时边缘内卷，成熟后平展上翘，偶有边缘内收，灰白色，湿是黏。菌肉污白色，较厚。菌褶直生近延生，密度稀，不等长，橙黄色，分泌白色乳汁。菌柄长 6.5 ~ 10.0 cm，直径 0.5 ~ 1.6 cm，与菌盖同色，圆柱形，空心，脆骨质，上细下粗。

生态环境

夏秋季于针阔混交林地上单生或散生。

采集地点及编号

鹤峰县 HF1121、HF1148。

经济价值

有毒。

191. 近大西洋乳菇 *Lactarius subatlanticus* X.H. Wang

红菇目 Russulales 红菇科 Russulaceae 乳菇属 *Lactarius*

生物特征

子实体小型至中等大。菌盖直径 1.8 ~ 5.0 cm，初期平展，有乳突，成熟后边缘内卷，中央下凹或脐状，橙色，湿时黏，非水浸状。菌肉橙色，有特殊的气味。菌褶直生或近延生，密度密，不等长，黄色或橙色。菌柄长 3.0 ~ 5.5 cm，直径 0.2 ~ 0.8 cm，与菌盖同色，脆骨质，空心，有假根，基部稍膨大，圆柱形。

生态环境

夏秋季于阔叶林地上单生或散生。

采集地点及编号

鹤峰县 HF0129；恩施市 ES1017。

经济价值

尚不明确。

192. 近短柄乳菇 *Lactarius subbrevipes* X.H. Wang

红菇目 Russulales 红菇科 Russulaceae 乳菇属 *Lactarius*

生物特征

　　子实体小型。边缘下延内卷，有时在叶柄附近分叉，幼时淡黄色，老时深灰黄色，伤时为褐色，有时具赭色斑点，中央深凹。菌柄 0.8 ~ 2.0 cm，直径 0.6 ~ 1.5 cm，上细下粗，圆柱形，实心，表面奶油色，淡黄色，与菌盖同色，有明显的凹坑。乳胶稀少至多，白色至淡黄色，气味刺鼻，基部稍膨大。

生态环境

　　夏秋季于松林地单生或散生。

采集地点及编号

　　恩施市 ESBY0008。

经济价值

　　尚不明确。

193. 近毛脚乳菇 *Lactarius subhirtipes* X.H. Wang

红菇目 Russulales 红菇科 Russulaceae 乳菇属 *Lactarius*

生物特征

子实体小型。菌盖直径 1.5 ~ 3.0 cm，棕色，中间有乳突，不黏，湿时黏。菌肉棕色，厚。菌褶白色或棕色，幼时密度稀，成熟后密度密，延生近直生，不等长。菌柄长 3.5 ~ 6.5 cm，直径 0.2 ~ 0.6 cm，与菌盖同色，脆骨质，空心，有绒毛，基部稍膨大。

生态环境

夏秋季于混交林地上群生。

采集地点及编号

恩施市 ESBYP0036、ESSC0025

经济价值

有毒。

194. *Lactarius crassus* (Singer & A.H. Sm.) Pierotti

红菇目 Russulales 红菇科 Russulaceae 乳菇属 *Lactarius*

生物特征

子实体小型。菌盖直径 4 ~ 10 cm，扁半球形后下凹呈漏斗形，稍黏，深蛋壳色至暗土黄色，具不明显的同心环纹，中央光滑，不黏，非水浸状。边缘初内卷，并有白色长绒毛。菌肉白色，乳汁白色，不变色。菌褶直生或延生，稍密，白色后变浅粉色，不等长。菌柄长 4 ~ 10 cm，直径 0.5 ~ 1.5 cm，近圆柱形，内部松软后空心，光滑或近光滑，与盖同色，脆骨质，空心。孢子印白色。

生态环境

夏秋季于混交林地上单生或散生。

采集地点及编号

巴东县 BDJSH06、BDJSH23。

经济价值

尚不明确。

195. 鲜艳乳菇 *Lactarius vividus* X.H.Wang,Nuytinck & Verbeken

红菇目 Russulales 红菇科 Russulaceae 乳菇属 *Lactarius*

生物特征

子实体中大型。菌盖直径 4 ~ 10 cm，初期扁半球形，成熟后平展，中央下凹或脐状，表面光滑，稍黏，橙黄色、橙红色、肉红色或土黄色，具同心环带，菌盖边缘初期内卷，后平展上翘，具条纹。菌肉肉红色、橙黄色，脆，伤后渐变为蓝绿色。菌褶直生或近延生，密度较密，与菌盖同色，伤后变蓝绿色，不等长。菌柄长 3.5 ~ 5.5 cm，直径 0.6 ~ 1.2 cm，与菌盖同色，圆柱形，空心。

生态环境

春秋季于松树林地上单生或散生。

采集地点及编号

利川市 LC1186、LC44、LC105；恩施市 ES00016。

经济价值

食用菌。

196. 多汁乳菇 *Lactifluus volemus* (Fr.) Kuntze

红菇目 Russulales 红菇科 Russulaceae 多汁乳菇属 *Lactifluus*

生物特征

子实体中等至较大。菌盖直径 3.5 ~ 8.5 cm，幼时扁半球形，中部下凹呈脐状，伸展后似漏斗状，表面平滑，琥珀褐色至深棠梨色或暗土红色，边缘内卷。菌肉白色，伤时为褐色。乳汁白色，不变色。菌褶白色或带黄色，伤处变褐黄色，密度密，直生至延生，不等长。菌柄长 2 ~ 6 cm，直径 0.5 ~ 1.0 cm，近圆柱形，上细下粗，表面近光滑，同菌盖色，实心。孢子近球形。孢子印白色。

生态环境

夏秋季于针阔叶林地上散生或群生。

采集地点及编号

鹤峰县 HF0121。

经济价值

可食用。

197. 粉绿多汁乳菇 *Lactifluus glaucescens* Crossl

红菇目 Russulales 红菇科 Russulaceae 多汁乳菇属 *Lactifluus*

生物特征

子实体中等大。菌盖直径 5 ~ 10 cm，初期扁半球形，菌盖成熟后平展，中央下凹呈脐状，白色、污白色至淡黄色，边缘初期内卷，后平展。菌肉白色，伤后有白色乳汁。菌褶近延生，密度密，不等长，初期白色，后变浅土黄色。菌柄长 2 ~ 5 cm，直径 0.6 ~ 0.8 cm，圆柱形，污白色，空心，脆骨质。

生态环境

夏秋季于混交林中地上散生或群生。

采集地点及编号

鹤峰县 HF0110、HF1143。

经济价值

尚不明确。

198. 长绒多汁乳菇 *Lactifluus pilosus* (Verbeken, H.T. Le & Lumyong) Verbeken

红菇目 Russulales 红菇科 Russulaceae 多汁乳菇属 *Lactifluus*

生物特征

子实体中大型。菌盖直径 5 ~ 14 cm，平展中凹，幼时边缘强烈内卷，表面黄白色，具密集绒毛，不黏。菌肉较厚，奶油白色。菌褶奶油白色，密度稀，老熟后淡黄褐色，延生，不等长。菌柄长 1.5 ~ 4.5 cm，直径 0.5 ~ 1.0 cm，圆柱形，上粗下细，表面干，具密集毛绒，白色，空心，脆骨质。乳汁白色，不变色或变淡黄色。

生态环境

夏秋季于阔叶林地上单生或散生。

采集地点及编号

鹤峰县 HF0112、HF1129；利川市 LC1179。

经济价值

有毒。

199. 宽褶黑乳菇 *Lactifluus gerardii* (Peck) Kuntze

红菇目 Russulales 红菇科 Russulaceae 多汁乳菇属 *Lactifluus*

生物特征

子实体小型至中等大。菌盖直径 2.8 ~ 6.5 cm，扁半球形至近平展，中部下凹往往呈浅漏斗状，中央初期稍凸起，湿时黏，污褐黄色至黑褐色，边缘伸展或呈波状。菌肉白色，近表下褐黑色，乳汁白色。菌褶白色至污白色，边缘深褐色，密度稀，不等长，直生或延生。菌柄近圆柱形，长 3.5 ~ 8.0 cm，直径 0.6 ~ 0.9 cm，同菌盖色，空心，脆骨质。孢子近球形。

生态环境

夏秋季于针阔混交林中地上单生、散生或群生。

采集地点及编号

恩施市 ESWCP1004。

经济价值

尚不明确。

200. *Lactifluus quercicola* H. Lee & Y.W. Lim

红菇目 Russulales 红菇科 Russulaceae 多汁乳菇属 *Lactifluus*

生物特征

　　子实体中等大至大型。菌盖直径 5 ~ 15 cm，幼时平展，成熟后形漏斗状，中央凹陷，浅黄色，不黏，非水浸状。菌肉白色，较厚。菌褶白色，密度密，直生近延生，不等长。菌柄长 3 ~ 8 cm，直径 0.3 ~ 1.5 cm，菌柄污白色，肉质，实心，圆柱形。

生态环境

　　夏秋季于混交林地上单生或散生。

采集地点及编号

　　利川市 LC52、LC54。

经济价值

　　尚不明确。

201. 大盖兰茂牛肝菌 *Lanmaoa macrocarpa* N.K. Zeng et al.

牛肝菌目 Boletales 牛肝菌科 Boletaceae 牛肝菌属 *Lanmaoa*

生物特征

　　子实体小型至中等大型。菌盖直径 3 ~ 12 cm，幼时近半球形，后凸镜形至平展，菌盖表面干，不黏，有细小绒毛，棕红色。菌肉厚 1.0 ~ 2.5 cm，浅黄色，伤变色为蓝色。管口角形，直径 1 ~ 2 mm，黄色，伤时为蓝色，后缓慢变为棕色。菌管长 0.5 ~ 1.5 cm。菌柄长 4 ~ 10 cm，直径 0.5 ~ 2.5 cm，中生，近圆柱形，棕红色，实心，肉质，有时在顶端有网纹，基部明显膨大。菌肉黄色，受伤迅速变蓝色。

生态环境

　　夏秋季于针阔混交林地上单生、散生或群生。

采集地点及编号

　　恩施市 ESTPS00027、ESTPS00028。

经济价值

　　尚不明确。

202. 红盖兰茂牛肝菌 *Lanmaoa rubriceps* N.K. Zeng&Hui Chai

牛肝菌目 Boletales 牛肝菌科 Boletaceae 牛肝菌属 *Lanmaoa*

生物特征

　　子实体中等至大型。菌盖 5 ~ 20 cm，幼时近半球形后平展，不黏，幼时红色至深红色，成熟后橙红色。菌肉近菌柄处厚约 1 cm，黄色，伤时为蓝色，厚。管口直径 0.3 ~ 0.4 mm，幼时不明显，成熟后圆形或角形，黄色，有时带红色调，伤时为蓝色，后缓慢变棕红色。菌管长约 0.5 cm，浅黄色，伤时为蓝色，之后再缓慢变回浅黄色。菌柄长 4 ~ 10 cm，直径 0.8 ~ 2.5 cm，中生，近圆柱形，实心，肉质，表面黄色，有时覆盖一些棕红色细小鳞片，受伤后通常迅速变为蓝色。

生态环境

　　夏秋季于针阔混交林地上散生或群生。

采集地点及编号

　　恩施市 ESTPS00025。

经济价值

　　尚不明确。

203. 橙黄疣柄牛肝菌 *Leccinum aurantiacum* (Bull.) Gray

牛肝菌目 Boletales 牛肝菌科 Boletaceae 疣柄牛肝菌属 *Leccinum*

生物特征

　　子实体中等至较大。菌盖直径 3 ~ 10 cm，半球形，光滑或微被纤毛，橙红色、橙黄色或近紫红色。菌肉厚，质密，淡白色，后呈淡灰色、淡黄色或淡褐色，受伤不变色。菌管直生，稍弯生或近离生，在柄周围凹陷，淡白色，后变污褐色，受伤时变肉色，管口与菌盖同色，圆形。菌柄长 5 ~ 12 cm，直径 1.0 ~ 2.5 cm，上下略等粗或基部稍粗，污白色、淡褐色或近淡紫红色，顶端多少有网纹。孢子印淡黄褐色。

生态环境

　　夏秋季于混交林地上单生或散生。

采集地点及编号

　　巴东县 BDJSH21。

经济价值

　　可食用。

204. 熊果疣柄牛肝菌 *Leccinum manzanitae* Thiers

牛肝菌目 Boletales 牛肝菌科 Boletaceae 疣柄牛肝菌属 *Leccinum*

生物特征

子实体中等至大型。菌盖直径 3 ~ 8 cm，淡粉色，钟形，成熟后平展，黏，非水浸状。菌肉白色，厚。菌管白色，密度密。菌柄长 4 ~ 12 cm，直径 1 ~ 3 cm，圆柱形，白色至灰色，被有棕黑色块鳞，肉质，空心，基部稍膨大。

生态环境

夏秋季于混交林地上单生或散生。

采集地点及编号

恩施市 ESWCP1012。

经济价值

尚不明确。

205. 疣柄牛肝属中的一种 *Leccinellum pseudoscabrum* (Kallenb.) Mikšík

牛肝菌目 Boletales 牛肝菌科 Boletaceae 疣柄牛肝菌属 *Leccinellum*

生物特征

子实体中等大。菌盖直径 3 ~ 7 cm，棕色，平展，成熟后边缘上翘，不黏，菌盖被有白色纤毛，非水浸状。菌肉黄色，厚。菌管淡黄色，孔口 0.1 ~ 0.5 mm，多角形。菌柄长 3 ~ 8 cm，直径 0.5 ~ 1.0 cm，棕色，圆柱形，被有黑色块鳞，肉质，实心，基部稍膨大。

生态环境

夏秋季于针阔混交林地上单生或散生。

采集地点及编号

利川市 LC163。

经济价值

尚不明确。

206. 皱盖疣柄牛肝菌 *Leccinellum rugosiceps* (Peck) C. Hahn

牛肝菌目 Boletales 牛肝菌科 Boletaceae 疣柄牛肝菌属 *Leccinellum*

生物特征

　　子实体中等至大型。菌盖直径 5 ~ 20 cm，扁半球形或中央凸起，成熟后平展，杏黄色或土黄色，被有绒毛，多皱，易龟裂并裂成淡褐色的鳞片。菌肉白色，淡白色至淡黄色，有香味，厚。菌管金黄色或淡黄绿色，弯生。管口同色，近圆形。菌柄长 5 ~ 10 cm，直径 2.0 ~ 3.5 cm，近圆柱形，上细下粗，基部稍膨大，杏黄色、金黄色或褐黄色，有颗粒状小点或小鳞片。孢子印橄榄褐色。

生态环境

　　夏秋季于针阔混交林地上单生或散生。

采集地点及编号

　　利川市 LC42。

经济价值

　　可食用，可药用。

207. 微黄木瑚菌 *Lentaria byssiseda* Pers Coener

钉菇目 Gomphales 木瑚菌科 Lentariaceae 木瑚菌属 *Lentaria*

生物特征

　　子实体成群生长。长 0.4 ~ 3.0 cm，乳黄色，后带红色。菌柄短，着生于白色绒状的菌丝层上，分枝少或较多，下部呈 2 ~ 3 叉分枝，上部双叉分枝，分枝宽展、弯曲向上，顶端乳白色，短而尖。孢子近，圆柱形至长方形。

生态环境

　　夏秋季于阔叶林及混交林中的枯枝落叶上群生或丛生。

采集地点及编号

　　恩施市 ES3180064。

经济价值

　　尚不明确。

208. 香菇 *Lentinula edodes* (Berk.)Pegler

伞菌目 Agaricales 类脐菇科 Omphalotaceae 香菇属 *Lentinula*

生物特征

子实体小型至中大型。菌盖直径 4 ~ 10 cm，幼时半球形，成熟后呈扁平至稍扁平，表面浅褐色、深褐色至深肉桂色，中部往往有深色鳞片，而边缘常有污白色毛状或絮状鳞片，干燥后的子实体有菊花状或龟甲状裂纹，菌缘初时内卷，后平展。菌褶白色，密度密，弯生，不等长。菌肉白色，稍厚或厚，细密，具香味。幼时边缘内卷，有白色或黄白色的绒毛，随着生长而消失。菌盖下面有菌幕，后破裂，形成不完整的菌环。老熟后盖缘反卷，开裂。菌柄常偏生，白色，弯曲，长 3 ~ 6 cm，直径 0.5 ~ 2.0 cm，菌环以下有纤毛状鳞片，纤维质，内部实心。菌环易消失，白色。孢子印白色。

生态环境

冬春季于阔叶树倒木上群生、散生或单生。

采集地点及编号

巴东县 BD040；恩施市 ESTPS025、ESWCP011。

经济价值

可食用。

209. 帕氏木瑚菌 *Lentaria patouillardii* (Bres.) Corner et al.

钉菇目 Gomphales 木瑚菌科 Lentariaceae 木瑚菌属 *Lentaria*

生物特征

子实体成群生长。长 0.4 ~ 3.0 cm，黄色至橙色。菌柄短，着生于白色绒状的菌丝层上，分枝少或较多，下部呈 2 ~ 6 叉分枝，上部双叉分枝，分枝宽展、弯曲向上，顶端白色，短而尖。

生态环境

夏秋季于阔叶林及混交林中地上群生或丛生。

采集地点及编号

来凤县 LF1185。

经济价值

可食用。

210. 翘鳞香菇 *Lentinus squarrosulus* Mont

多孔菌目 Polyporales 多孔菌科 Polyporaceae 香菇属 *Lentinus*

生物特征

　　子实体小型至中等大。菌盖直径 2.5 ～ 8.0 cm，薄且柔韧，凸镜形中凹至深漏斗形，灰白色、淡黄色或微褐色，不黏，上翘至平伏的灰色至褐色丛毛状小鳞片，后期鳞片脱落。边缘初内卷，薄，后浅裂或撕裂状。菌肉厚，革质，白色。菌褶延生，不等长，菌柄圆柱形，且稍弯曲，长 1 ～ 5 cm，直径 0.2 ～ 0.4 cm，污白色至浅红褐色，表面平滑或稍有条纹。

生态环境

　　夏秋季于针阔混交林地上单生或散生。

采集地点及编号

　　恩施市 001。

经济价值

　　可食用。

211. 漏斗多孔菌 *Lentinus arcularius* (Batsch) Zmitr.

多孔菌目 Polyporales 多孔菌科 Polyporaceae 香菇属 *Lentinus*

生物特征

子实体一般较小。菌盖直径 0.8 ~ 6.5 cm，扁平中部脐状，后期边缘平展或翘起，似漏斗状，薄，褐色、黄褐色至深褐色，有深色鳞片，无环带，边缘有长毛，新鲜时韧肉质，柔软，干后变硬且边缘内卷。菌肉薄，白色或污白色。菌管白色或黄色，延生，长 1 ~ 3 mm，干时呈草黄色，管口近长方圆形，辐射状排列，直径 1 ~ 2 mm。柄中生，同菌盖色，或菌柄下部深黑色，往往有深色鳞片，长 1.5 ~ 5.0 cm，直径 0.1 ~ 0.3 cm，圆柱形，基部有污白色粗绒毛。孢子无色，长椭圆形。

生态环境

夏秋季于针阔混交林枯枝上散生或群生。

采集地点及编号

来凤县 LF1192、LF0192；恩施市 ES0100。

经济价值

可药用。

212. 桦褶孔菌 *Lenzites betulinus* (L.) Fr.

多孔菌目 Polyporales 多孔菌科 Polyporaceae 栓孔菌属 *Lenzites*

生物特征

子实体小型至中等大。一年生，革质或硬革质。无柄，菌盖半圆形或近扇形，直径 1.5 ~ 5.0 cm，厚 0.6 ~ 1.0 cm，有细绒毛，新鲜时初期浅褐色，有密的环纹和环带，后呈黄褐色、深褐色或棕褐色，老时变灰白色至灰褐色。菌肉白色或近白色，厚。菌褶初期近白色，后期土黄色，密度密，不等长，干后波状弯曲。孢子近球形至椭圆形。

生态环境

夏秋季于阔叶树腐木上呈覆瓦状生长。

采集地点及编号

来凤县 LF0194；利川市 LC1190。

经济价值

有毒，可药用。

213. 柔软细长孔菌 *Leptoporus mollis* (Pers.) Quél.

多孔菌目 Polyporales 耙齿菌科 Irpicaceae 属 *Leptoporus*

生物特征

子实体小型至中等大。担子果一年生，无柄盖状或平伏反卷，干后强烈收缩，木栓质。菌盖半圆形或近扇形，直径 2 ~ 4 cm，宽 3 ~ 5 cm，基部厚约 0.5 cm，新鲜时粉红色至深肉红色，后期变为紫褐色，表面初期有绒毛，后期光滑，边缘钝，干后内卷。菌肉白色或近白色，厚。菌管 0.1 ~ 0.3 mm，多角形，孔口表面新鲜时乳白色至浅粉红色，干后变为暗紫褐色，管口边缘薄，略锯齿状或近全缘。

生态环境

夏秋季于针叶林腐木上单生或散生。

采集地点及编号

利川市 LC104。

经济价值

木腐菌。

214. 栗色环柄菇 *Lepiota castanea* Quél.

伞菌目 Agaricales 蘑菇科 Agaricaceae 环柄菇属 *Lepiota*

生物特征

　　子实体小型。菌盖直径 1.5 ~ 3.5 cm，幼时近钟形至扁平，后平展中部下凹，中央凸起，表面土褐色至浅栗褐色，中部色暗，被有粒状小鳞片。菌肉污白色，薄。菌褶离生，密度较密，白色或偏黄色，不等长。菌柄圆柱形，长 2.5 ~ 6.0 cm，直径 0.2 ~ 0.4 cm，空心，脆骨质，上部白色，下部同菌盖色。菌环不很明显。孢子印白色。孢子近梭形，无色。

生态环境

　　夏秋季于针阔混交林地上群生或散生。

采集地点及编号

　　建始县 JS0002。

经济价值

　　有毒。

215. 环柄菇属中的一种 *Lepiota flammeotincta* Kauffman

伞菌目 Agaricales 蘑菇科 Agaricaceae 环柄菇属 *Lepiota*

生物特征

子实体小型。菌盖直径 1 ~ 2 cm，白色，不黏，平展，干枯后成帽状。菌肉白色，薄。菌褶白色，密度密，离生，等长。菌环位于上部，白色，单层，丝膜状，不活动。菌柄长 2 ~ 5 cm，直径 0.2 ~ 0.7 cm，与菌盖同色，上细下粗，呈棒球杆状，脆骨质，空心，基部稍膨大。

生态环境

夏秋季于针叶林腐木上单生或散生。

采集地点及编号

利川市 LC24。

经济价值

尚不明确。

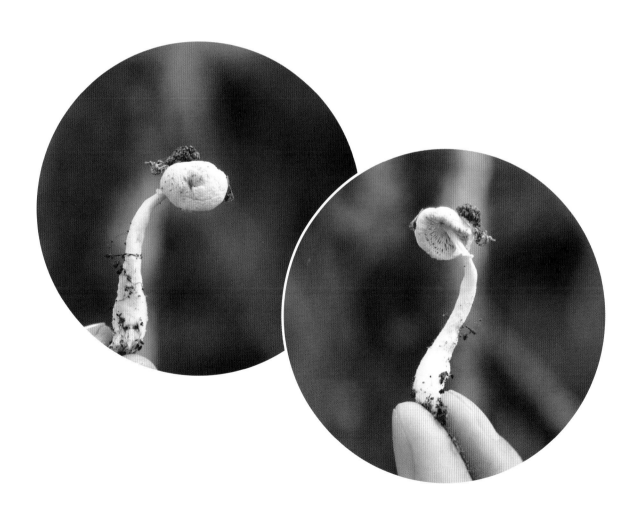

216. 黑皮环柄菇 *Lepiota fuliginescens* Murrill

伞菌目 Agaricales 蘑菇科 Agaricaceae 环柄菇属 *Lepiota*

生物特征

子实体小型。菌盖直径1.0 ~ 3.5 cm，边缘白色至橙色至深棕色，不黏，平展，中央稍凹陷，橙色，被有纤毛，非水浸状。菌肉白色，薄。菌褶白色，密度密，离生，不等长。菌环位于中部，橙色，单层，膜质，不脱落，不活动。菌柄长4.5 ~ 7.0 cm，直径0.2 ~ 1.0 cm，白色，脆骨质，空心，基部稍膨大。

生态环境

夏秋季于混交林地上单生或散生。

采集地点及编号

鹤峰县 HF1105。

经济价值

尚不明确。

217. 梭孢环柄菇 *Lepiota magnispora* Murrill

伞菌目 Agaricales 蘑菇科 Agaricaceae 环柄菇属 *Lepiota*

生物特征

　　子实体小型至中等大。菌盖直径4 ~ 8 cm，初期半球形或扁半球形，后期近平展，或边缘稍上翘，表面白色至黄白色，有暗黄色或黄褐色鳞片，边缘色浅或有条棱。菌肉白色，中部稍厚。菌褶纯白色或污白色带黄色，离生，不等长，密度较密。菌柄长4 ~ 8 cm，粗0.3 ~ 0.8 cm，上细下粗，白色，有明显毛状或棉毛状鳞片。孢子光滑，长梭形。孢子印白色。

生态环境

　　夏秋季于针叶林地上散生或群生。

采集地点及编号

　　咸丰县 XFSDX10009。

经济价值

　　可食用。

218. 假紫鳞环柄菇 *Lepiota pseudolilacea* Huijsman

伞菌目 Agaricales 蘑菇科 Agaricaceae 环柄菇属 *Lepiota*

生物特征

子实体小型。菌盖直径 1.5 ～ 2.5 cm，平展，边缘有辐射状条纹，菌盖被有块鳞，边缘黄色，中央深棕色。菌肉白色，薄。菌褶白色，密度中，离生，不等长。菌环位于上部，褐色，单层，膜质，厚，不脱落。菌柄长 2.5 ～ 5.0 cm，直径 0.2 ～ 1.0 cm，褐色，纤维质，空心，基部稍膨大。

生态环境

夏秋季于林中地上单生或散生。

采集地点及编号

恩施市 ESBYP1044、ESBYP0043。

经济价值

尚不明确。

219. 暗柄环柄菇 *Lepiota thrombophora* (Berk.& Broome) Sacc.

伞菌目 Agaricales 蘑菇科 Agaricaceae 环柄菇属 *Lepiota*

生物特征

　　子实体小型。菌盖直径 1.5 ~ 3.0 cm，半球形，边缘白色，中央棕色，不黏，边缘有环状条纹，被有棕色块鳞，非水浸状。菌肉白色。菌褶白色，密度中，离生，不等长菌环位于上部，白色，单层，丝膜状，不脱落。菌柄长 4.2 ~ 6.0 cm，直径 0.5 ~ 1.0 cm，白色，纤维质，实心，被有棕色、白色绒毛。

生态环境

　　夏秋季于针叶林枯枝上散生。

采集地点及编号

　　恩施市 ESFES0078、ESFES1075。

经济价值

　　尚不明确。

220. 花脸香蘑 *Lepista sordida* (Fr.) Singer

伞菌目 Agaricales 杯伞科 Clitocybaceae 香蘑属 *Lepista*

生物特征

子实体小型至中等大。菌盖直径 2.5 ~ 8.5 cm，扁半球形至平展，中部稍下凹，薄，湿润时半透明状或水浸状，紫色，边缘内卷，具不明显的条纹。菌肉带淡紫色，薄。菌褶淡蓝紫色，密度密，直生近延生，不等长。菌柄长 2.0 ~ 5.5 cm，直径 0.2 ~ 0.8 cm，同菌盖色，靠近基部常弯曲，实心，圆柱形。孢子印带粉红色。孢子无色，椭圆形至近卵圆形。

生态环境

夏秋季于针阔混交林地上群生或近丛生。

采集地点及编号

恩施市 ESFHSQ03、ESFHSQ07；建始县 JS0014。

经济价值

可食用，也可药用。

221. 具泪白环蘑 *Leucoagaricus dacrytus* Vellinga

伞菌目 Agaricales 蘑菇科 Agaricaceae 白环蘑属 *Leucoagaricus*

生物特征

　　子实体较小。菌盖直径 0.8 ~ 1.5 cm，边缘白色，中央浅棕色，不黏，斗笠形，菌盖被有白色粉末，非水浸状。菌肉白色。菌褶外部白色，内部浅黄色，密度稀，直生，不等长。菌环位于上部，浅黄色，单层，肉质，不脱落，不活动。菌柄长 3 ~ 5 cm，直径 0.2 ~ 1.0 cm，乳白色至浅黄色，脆骨质，空心。

生态环境

　　夏秋季于针叶林地上单生或散生。

采集地点及编号

　　恩施市 ESTPS00019。

经济价值

　　尚不明确。

222. 带褐白环蘑 *Leucoagaricus infuscatus* Vellinga

伞菌目 Agaricales 蘑菇科 Agaricaceae 白环蘑属 *Leucoagaricus*

生物特征

子实体小型。菌盖直径 1 ~ 3 cm，边缘白色，中央黄色，边缘半透明，不黏，平展，被有纤毛，非水浸状。菌肉白色。菌褶白色，密度中，离生，等长。菌环位于上部，白色，单层，膜质，不活动。菌柄长 3.5 ~ 5.0 cm，直径 0.2 ~ 1.0 cm，白色，脆骨质，空心，被有绒毛，基部明显膨大。

生态环境

夏秋季于林中地上单生或散生。

采集地点及编号

恩施市 ESTPS1029。

经济价值

尚不明确。

223. 粉红白环蘑 *Leucoagaricus marriagei* M.Bon

伞菌目 Agaricales 蘑菇科 Agaricaceae 白环蘑属 *Leucoagaricus*

生物特征

子实体小型。菌盖直径 1.5 ~ 3.5 cm，边缘浅绿色，中央棕黑色，不黏，平展，中部凸起，非水浸状，边缘有辐射状沟纹，被有白色粉末。菌肉白色，腐臭味气味。菌褶白色，密度稀，离生，等长。菌环位于上部，白色，单层，膜质，不活动。菌柄长 4.0 ~ 6.5 cm，直径 0.1 ~ 1.0 cm，浅棕至白色，脆骨质，空心，基部稍膨大。

生态环境

夏秋季于林中枯叶上单生。

采集地点及编号

恩施市 ESXLS0092。

经济价值

尚不明确。

224. 黑毛白环蘑 *Leucoagaricus melanotrichus* (Malencon & Bertault) Trimbach

伞菌目 Agaricales 蘑菇科 Agaricaceae 白环蘑属 *Leucoagaricus*

生物特征

　　子实体小型。菌盖直径 1.2 ～ 2.5 cm，边缘白色，中央黑色，不黏，平展，中部凸起，非水浸状，被有纤毛。菌肉白色，薄。菌褶白色，密度稀，离生，不等长。菌环位于上部，浅黄褐色，有条纹，单层，肉质，不脱落，不活动。菌柄长 3.5 ～ 5.0 cm，直径 0.1 ～ 0.5 cm，白色，脆骨质，空心，基部稍膨大。

生态环境

　　夏秋季于混交林地上单生或散生。

采集地点及编号

　　恩施市 ESXLS0090。

经济价值

　　尚不明确。

225. 红盖白环蘑 *Leucoagaricus rubrotinctus* (Peck) Sing.

伞菌目 Agaricales 蘑菇科 Agaricaceae 白环蘑属 *Leucoagaricus*

生物特征

　　子实体较小或中等大。菌盖直径 2 ~ 6 cm，初期半球形至扁半球形，成熟后渐平展后中部稍凸起，表面有暗红色鳞片及红褐色条纹，后期边缘破裂。菌肉白色，薄。菌褶白色，离生近直生，密度密，不等长。菌柄长 3 ~ 6 cm，直径 0.3 ~ 0.5 cm，圆柱形，上部稍弯曲，纯白色，空心，脆骨质。菌环白色，边缘红褐色，膜质，生菌柄的上部。孢子印白色。

生态环境

　　夏秋季于针阔混交林地上群生、散生或单生。

采集地点及编号

　　恩施市 ESBJ0002。

经济价值

　　有毒。

226. 丝盖白环蘑 *Leucoagaricus serenus* (Fr.) Bon & Boiffard

伞菌目 Agaricales 蘑菇科 Agaricaceae 白环蘑属 *Leucoagaricus*

生物特征

子实体较小。菌盖白色，直径 1.2 ~ 3.0 cm，不黏，平展，中央略凸起，透明，有绒毛。菌肉白色，薄。菌褶白色，密度中，直生，不等长。菌环位于中部，白色，单层，膜质，不脱落，不活动。菌柄长 2.5 ~ 5.0 cm，直径 0.1 ~ 1.0 cm，白色，脆骨质，空心，有纤毛，基部稍膨大，被有绒毛。

生态环境

夏秋季于针叶林地上单生或散生。

采集地点及编号

恩施市 ESTPS00023。

经济价值

尚不明确。

227. 黄色白鬼伞 *Leucocoprinus birnbaumii* (Corda) Singer

伞菌目 Agaricales 蘑菇科 Agaricaceae 白鬼伞属 *Leucocoprinus*

生物特征

子实体中等大。菌盖直径 2 ~ 10 cm，被黄色、硫黄色至黄褐色鳞片，边缘具细密的辐射状条纹。菌肉乳白色。菌褶离生，乳黄色，密度中，不等长。菌柄长 4 ~ 11 cm，直径 2 ~ 5 mm，圆柱形，空心，纤维质，乳黄色至黄色，基部明显膨大。菌环中上位，上表面乳黄色至黄色，下表面淡黄色，易脱落。孢子印白色。

生态环境

夏秋季于混交林地上单生或散生。

采集地点及编号

恩施市 ESFHS17。

经济价值

有毒。

228. 黄鳞小菇 *Leucoinocybe auricoma* (Har. Takah.) Matheny

伞菌目 Agaricales 皮孔菌科 Porotheleaceae 白鬼伞属 *Leucoinocybe*

生物特征

子实体小型。菌盖直径 0.5 ~ 2.0 cm，半球形至平展，黄色至褐黄色，边缘色较浅。菌肉薄。菌褶米色至淡黄色，直生近离生，密度稍密，不等长。菌柄长 1.5 ~ 3.5 cm，直径 0.2 ~ 0.4 cm，圆柱形，白色至米色，空心，上细下粗，或稍扁，基部稍膨大。担孢子椭圆形至宽椭圆形。

生态环境

夏秋季于混交林腐木上单生或散生。

采集地点及编号

恩施市 ESTPS1028。

经济价值

尚不明确。

229. 迷惑马勃 *Lycoperdon decipien* Durieu & Mont.

伞菌目 Agaricales 马勃科 Lycoperdaceae 马勃属 *Lycoperdon*

生物特征

子实体小型。倒卵形至陀螺形，高 2 ~ 5 cm，直径 2 ~ 4 cm，白色，不孕基部发达或伸长。外包被由无数小疣组成，间有较大易脱落的刺，刺脱落后显出淡色的斑点。

生态环境

夏秋季于混交林地上单生或散生。

采集地点及编号

利川市 LC0001。

经济价值

尚不明确。

230. 长柄梨形马勃 *Lycoperdon excipuliforme* (Scop.) Pers.

伞菌目 Agaricales 马勃科 Lycoperdaceae 马勃属 *Lycoperdon*

生物特征

子实体小型至中等大。高可达6 cm，近似圆筒形，不孕基部更发达，长2.5 ~ 4.5 cm，宽1.2 ~ 2.5 cm，成熟后变棕色，顶部开裂释放孢子。

生态环境

夏秋季于林中腐木、腐土上群生。

采集地点及编号

利川市 LC0004。

经济价值

可食用，也可药用。

231. 白鳞马勃 *Lycoperdon mammiforme* Pers.

伞菌目 Agaricales 马勃科 Lycoperdaceae 马勃属 *Lycoperdon*

生物特征

子实体小型。高5 ~ 7 cm，宽4 ~ 6 cm，陀螺形，不育基部较发达，初期白色，后略带黄褐色，表面具厚白色块状或斑状鳞片，后期鳞片脱落而光滑。顶部稍凸起，成熟后破裂一孔口，内孢体白色，老后渐变为黄褐色至暗褐色。

生态环境

夏秋季于林中草地上单生或散生。

采集地点及编号

巴东县 BDJSH07。

经济价值

可药用。

232. 网纹马勃 *Lycoperdon perlatum* Pers.

伞菌目 Agaricales 马勃科 Lycoperdaceae 马勃属 *Lycoperdon*

生物特征

子实体小型。倒卵形至陀螺形，高 2.5 ~ 6.5 cm，宽 1.5 ~ 5.5 cm，初期近白色，后变灰黄色至黄色，不孕基部发达或伸长如柄。外包被由无数小疣组成，间有较大易脱的刺，刺脱落后显出淡色而光滑的斑点。孢体青黄色，后变为褐色，有时稍带紫色。孢子球形。

生态环境

夏秋季于针阔混交林地上或腐木上群生。

采集地点及编号

宣恩县 XEJY1212；建始县 JS0009；利川市 LC0002；恩施市 ES0093、ESBJ0011；来凤县 LF033；巴东县 BDJSH30。

经济价值

可药用，幼时可食用。

233. 草地横膜马勃 *Lycoperdon pratense* Pers.

伞菌目 Agaricales 马勃科 Lycoperdaceae 马勃属 *Lycoperdon*

生物特征

子实体小型。宽陀螺形或近扁球形，直径 1.5 ~ 5.0 cm，高 1.2 ~ 4.5 cm，初期白色或污白色，成熟后灰褐色或茶褐色。外孢被由白色小疣状短刺组成，后期脱落后，露出光滑的内包被，内部孢粉幼时白色，后呈黄白色，成熟后茶褐灰色或咖啡色。不育基部发达而粗壮，与产孢部分之间有一明显的横膜隔离。孢子球形，有小刺疣，浅黄色。

生态环境

夏秋季于针阔混交林地上单生、散生或群生。

采集地点及编号

恩施市 ES3180060。

经济价值

幼时可食用。

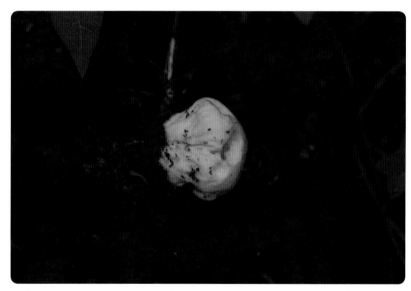

234. 烟色离褶伞 *Lyophyllum decastes* (Fr.) Singer

伞菌目 Agaricales 离褶伞科 Lyophyllaceae 离褶伞属 *Lyophyllum*

生物特征

子实体小型。菌盖直径 0.8 ~ 3.5 cm，扁半球形至平展，灰色至灰褐色，不黏。菌肉白色，薄。菌褶直生近弯生，白色至污白色，密度密，不等长。菌柄长 2 ~ 6 cm，直径 0.3 ~ 0.8 cm，圆柱形，白色至灰白色，上细下粗，基部明显膨大。孢子近球形至椭圆形。

生态环境

夏秋季于阔叶林地上单生或散生。

采集地点及编号

恩施市 ESBYP1036。

经济价值

可食用，也可药用。

235. 巨囊伞 *Macrocystidia cucumis* (Pers.： Fr.) Kummer

伞菌目 Agaricales 大囊伞科 Macrocystidiaceae 大囊伞属 *Macrocystidia*

生物特征

子实体小型至中等大。菌盖直径 1 ~ 4 cm，初期半球形或斗笠形，成熟后稍平展，黄棕色，不黏，非水浸状。菌肉白色，薄。菌褶浅棕色，密度密，离生，不等长。菌柄长 5 ~ 10 cm，直径 0.2 ~ 0.5 cm，基部稍膨大，上细下粗，圆柱形，上黄棕色下黑褐色，中空，脆骨质。

生态环境

夏秋季于阔叶林地上单生或散生。

采集地点及编号

宣恩县 XE008。

经济价值

尚不明确。

236. 脱皮大环柄菇 *Macrolepiota detersa* Z.W. Ge et al.

伞菌目 Agaricales 蘑菇科 Agaricaceae 大环柄菇属 *Macrolepiota*

生物特征

　　子实体中等至稍大。菌盖直径 5 ~ 12 cm，初期球形，成熟后平展，白色，中部有时呈浅褐色，不黏，表面龟裂为淡黄褐色斑状细鳞。菌肉白色，厚。菌褶白色，密度密，离生，不等长。菌柄长 5 ~ 15 cm，直径 0.5 ~ 1.5 cm，基部稍膨大，向上渐细，圆柱形，白色，中空，脆骨质。菌环白色，膜质，生于菌柄的上部，后期与菌柄分离，能上下活动。孢子印白色。孢子无色，椭圆形。

生态环境

　　夏秋季于针阔混交林地上单生或散生。

采集地点及编号

　　恩施市 ESFHS1060。

经济价值

　　有微毒。

237. 纯白小皮伞 *Marasmiellus candidus* (Bolt.) Sing.

伞菌目 Agaricales 类脐菇科 Omphalotaceae 微皮伞属 *Marasmiellus*

生物特征

子实体小型。菌盖直径 0.5 ~ 2.0 cm，纯白色，中央淡黄色，透明，黏。菌肉极薄，白色。菌褶稀，不等长，直生近离生，白色至淡黄色。菌柄长 2.0 ~ 5.5 cm，直径 0.2 ~ 0.4 cm，圆柱形，乳白色，空心，脆骨质，基部稍膨大。孢子无色，柱形、椭圆形至纺锤形。孢子印白色。

生态环境

夏秋季于林中枯枝上单生或散生。

采集地点及编号

咸丰县 XFSDX10005。

经济价值

尚不明确。

238. 褐果小皮伞 *Marasmius brunneospermus* Har. Takahashi

伞菌目 Agaricales 小皮伞科 Marasmiaceae 小皮伞属 *Marasmius*

生物特征

子实体小型。菌盖直径 0.5 ~ 2.5 cm，白色至淡黄色或灰色，不黏，幼时伞形，成熟后平展，边缘有辐射状条纹，非水浸状。菌肉白色，薄。菌褶白色，密度稀，离生，不等长。菌柄长 2 ~ 4 cm，直径 0.2 ~ 1.0 cm，与菌盖同色，脆骨质，空心，圆柱形，基部有绒毛。

生态环境

夏秋季于混交林枯叶及地上散生或群生。

采集地点及编号

恩施市 ESFHS1064、ES0068。

经济价值

尚不明确。

239. 巨大小皮伞 *Marasmius grandiviridis* Wannathes, Desjardin & Lumyong, Fungal Diversity

伞菌目 Agaricales 小皮伞科 Marasmiaceae 小皮伞属 *Marasmius*

生物特征

子实体小型。菌盖直径 1.5 ~ 6.5 cm，初期圆锥形至半球形，成熟后平展，中央钝突，菌盖表面具放射状深沟纹，黄绿色至橄榄绿色。菌肉淡黄色，薄。菌褶离生，密度稀，不等长，淡黄绿色。菌柄长 5 ~ 10 cm，直径 0.2 ~ 0.4 cm，圆柱形，中空，上部黄棕色，基部棕褐色。

生态环境

夏秋季于针阔叶混交林落叶层地上群生。

采集地点及编号

恩施市 ES0052、ES00015、ESBJ0003。

经济价值

尚不明确。

240. 宽柄小皮伞 *Marasmius laticlavatus* Wannathes, Desjardin & Lumyong, Fungal Diversity

伞菌目 Agaricales 小皮伞科 Marasmiaceae 小皮伞属 *Marasmius*

生物特征

子实体小型。菌盖直径 0.8 ~ 3.5 cm，初期圆锥形至半球形，成熟后平展，中央钝突，菌盖表面具放射状深沟纹，黄绿色至白色，非水浸状。菌肉淡黄色，薄。菌褶离生，密度稀，不等长，淡黄绿色。菌柄长 5 ~ 10 cm，直径 0.2 ~ 0.3 cm，圆柱形，中空，上部黄棕色，基部棕褐色，上细下粗。

生态环境

夏秋季于针阔叶混交林落叶层地上丛生或群生。

采集地点及编号

咸丰县 XF00016；利川市 LC132。

经济价值

尚不明确。

241. 大囊小皮伞 *Marasmius macrocystidiosus* Kiyashko & E.F.Malysheva, Phytotaxa

伞菌目 Agaricales 小皮伞科 Marasmiaceae 小皮伞属 *Marasmius*

生物特征

　　子实体小型至中等大。菌盖直径 2.5 ~ 6.5 cm，初期半球形，成熟后平展上翘，中央凹陷，菌盖表面浅黄色，干燥，不黏，非水浸状。菌肉淡黄色，薄。菌褶离生近弯生，密度中，不等长，淡黄色偏白色。菌柄长 1.5 ~ 3.5 cm，直径 0.2 ~ 0.4 cm，圆柱形，中空，上部黄棕色，基部近白色，基部稍膨大。

生态环境

　　夏秋季于针阔叶混交林落叶层地上单生或散生。

采集地点及编号

　　鹤峰县 HF0143。

经济价值

　　尚不明确。

242. 大型小皮伞 *Marasmius maximus* Hongo

伞菌目 Agaricales 小皮伞科 Marasmiaceae 小皮伞属 *Marasmius*

生物特征

　　子实体小型至中型。菌盖直径 3 ~ 6 cm，初期钟形或扁半球形，成熟后平展。菌盖表面干燥，有明显的放射状沟纹。菌肉淡肉色，有时带绿色，中部呈褐色，薄，皮质。菌褶淡色，弯生或离生，密度稀，不等长。菌柄长 5 ~ 10 cm，直径 0.1 ~ 0.5 cm，上下等粗，上部粉状，纤维质，中实，圆柱形。孢子椭圆形。

生态环境

　　夏秋季于针阔混交林、竹林中落叶层上散生或群生。

采集地点及编号

　　恩施市 ESBJ010。

经济价值

　　可食用。

243. 紫红皮伞 *Marasmius pulcherripes* **Peck**

伞菌目 Agaricales 小皮伞科 Marasmiaceae 小皮伞属 *Marasmius*

生物特征

子实体小型。菌盖直径 0.8 ~ 3.5 cm，初期钟形至锥形，成熟后平展。菌盖表面淡粉红色至淡粉紫色，中央黄褐色，有明显的放射状沟纹。菌肉白色，极薄。菌褶白色近淡粉紫色，弯生，宽，密度稀，不等长。菌柄长 5 ~ 8 cm，直径 0.1 ~ 0.3 cm，质韧，上部淡紫色，下部渐变为黑褐色，空心，圆柱形。孢子棍棒形。

生态环境

夏秋季于针阔混交林中落叶层上单生或散生。

采集地点及编号

来凤县 LF1196。

经济价值

尚不明确。

244. 蒜头状微菇 *Mycetinis scorodonius* (Fr.) A.W. Wilson & Desjardin

伞菌目 Agaricales 类脐菇科 Omphalotaceae 微菇属 *Mycetinis*

生物特征

子实体中等大。菌盖直径 3.5 ~ 6.5 cm，黄色，中央淡黄色，平展，成熟后边缘上翘，不黏，非水浸状。菌肉薄，淡黄色。菌褶直生近离生，密度中，不等长，浅粉黄至白色。菌柄长 1.5 ~ 4.5 cm，直径 0.5 ~ 0.8 cm，浅黄色至褐色，下部渐细，圆柱形或扁压，干，质脆至硬，空心。孢子印白色。孢子椭圆形。

生态环境

夏秋季于阔叶林枯树上单生或散生。

采集地点及编号

咸丰县 XFSDX10006。

经济价值

可食用。

245. 宽褶大金钱菌 *Megacollybia clitocyboidea* (Pers.) Kotl.& Pouzar

伞菌目 Agaricales 皮孔菌科 Porotheleaceae 大金钱菇属 *Megacollybia*

生物特征

子实体中等大。菌盖直径 3.5 ~ 10.0 cm，幼时钟形，成熟后平展至上翻，中央下凹成漏斗状，鼠灰色，边缘常退黄褐色，中央常粗糙，成熟后菌盖边缘常开裂。菌肉很薄，污白色。菌褶直生或近延生至菌柄顶部，近白色，老后呈灰白色。菌柄长 2.5 ~ 5.5 cm，直径 0.5 ~ 1.0 cm，纤维质，上部白色，向下渐变为灰褐色，圆柱形，中央稍弯曲，基部稍膨大。担孢子卵形至宽椭圆形。

生态环境

夏秋季于阔叶树腐木上或林中地上单生、散生或簇生。

采集地点及编号

利川市 LC0165。

经济价值

有毒。

246. 大金钱菌属中的一种 *Megacollybia marginata* R.H. Petersen，O.V. Morozova & J.L. Mata

伞菌目 Agaricales 皮孔菌科 Porotheleaceae 大金钱菌属 *Megacollybia*

生物特征

　　子实体中等大至大型。菌盖直径 4 ~ 10 cm，边缘棕色，中央深棕色，不黏，平展，中央凹陷，菌盖被有丛毛鳞，非水浸状。菌肉白色，较厚。菌褶白色，密度稀，直生，不等长。菌柄长 8 ~ 15 cm，直径 0.5 ~ 1.2 cm，浅棕色脆骨质，空心，圆柱形，上部白色，基部浅棕色，基部有假根，稍膨大。

生态环境

　　夏秋季于阔叶林地上单生、散生。

采集地点及编号

　　利川市 LC0153。

经济价值

　　尚不明确。

247. 近灰盖铦囊蘑 *Melanoleuca* **aff.** *cinereifolia*

伞菌目 Agaricales 光柄菇科 Pluteaceae 铦囊蘑属 *Melanoleuca*

生物特征

　　子实体小型至中等大。菌盖直径 1.0 ~ 2.5 cm，边缘微微拱起，中央有一凸起，不黏，初期白色，后逐渐变为乳黄褐色。菌肉白色，薄。菌褶直生近弯生，白色，密度密，不等长。菌柄长 3.5 ~ 6.5 cm，直径 0.2 ~ 0.4 cm，初期白色，后带黄褐色，空心，脆骨质，基部稍膨大。

生态环境

　　夏秋季于混交林地上单生或散生。

采集地点及编号

　　建始县 JS0001。

经济价值

　　尚不明确。

248. 灰盖钻囊蘑 *Melanoleuca cinereifolia* (Bon) Bon

伞菌目 Agaricales 光柄菇科 Pluteaceae 钻囊蘑属 *Melanoleuca*

生物特征

子实体小型或中等。菌盖直径 2.5 ~ 4.5 cm，初期半球形，菌盖成熟后平展，中央凸起，不黏，水浸状。菌肉白色至奶油黄色，较厚。菌褶灰色至灰紫褐色，密度密，等长，稍弯生至近延生。菌柄长 3.5 ~ 6.5 cm，直径 0.2 ~ 0.5 cm，近圆柱形，上细下粗，基部稍膨大，褐色至紫褐色，有细条纹及纤毛状鳞片，空心，脆骨质。

生态环境

夏秋季于阔叶林地上单生或散生。

采集地点及编号

恩施市 FHSQJ1112-01。

经济价值

尚不明确。

249. 克什米尔铦囊蘑 *Melanoleuca kashmirensis* Z. Ullah, Khurshed, Binyamin, Jabeen & Khalid

伞菌目 Agaricales 光柄菇科 Pluteaceae 铦囊蘑属 *Melanoleuca*

生物特征

子实体小型。初期钟形，成熟后平展，菌盖直径1.0 ~ 3.5 cm，灰色，不黏，边缘无条纹，被有块鳞，非水浸状。菌肉白色。菌褶灰色，密度中，直生，不等长。菌柄长8 ~ 13 cm，直径0.2 ~ 1.0 cm，灰色，脆骨质，空心，基部稍膨大。

生态环境

夏秋季于混交林地上单生或散生。

采集地点及编号

恩施市 ESSC0022。

经济价值

尚不明确。

250. 钴囊蘑属中的一种 *Melanoleuca tristis* M.M. Moser

伞菌目 Agaricales 光柄菇科 Pluteaceae 钴囊蘑属 *Melanoleuca*

生物特征

子实体小型。菌盖直径 1 ~ 3 cm，灰色，不黏，边缘有环条纹，非水浸状。菌肉乳白色，薄，无伤变色。菌褶乳白色，密度中，直生近离生，不等长。菌柄长 3 ~ 8 cm，直径 0.2 ~ 0.8 cm，灰白色，圆柱形，肉质，空心，基部不膨大。

生态环境

夏秋季于混交林地上单生或散生。

采集地点及编号

巴东县 BDJSH25。

经济价值

尚不明确。

251. 近缘小孔菌 *Microporus affinis* (Blume & T.Nees) Kuntze

多孔菌目 Polyporales 多孔菌科 Polyporaceae 小孔菌属 *Microporus*

生物特征

子实体小型。一年生，具侧生柄，菌柄长 1 ~ 3 cm，木栓质，实心。菌盖半圆形至扇形，外伸可达 6 cm，宽可达 7 cm，基部厚可达 4 mm。表面淡黄色至黑色，具明显的环纹和环沟。孔口表面新鲜时白色至奶油色，干后淡黄色至赭石色，圆形。

生态环境

夏秋季于混交林腐木上散生或群生。

采集地点及编号

来凤县 LF028。

经济价值

木腐菌。

252. 糠鳞小腹蕈 *Micropsalliota furfuracea* R. L. Zhao, Desjardin, Soytong & K. D. Hyde

伞菌目 Agaricales 蘑菇科 Agaricaceae 小蘑菇属 *Micropsalliota*

生物特征

子实体小型至中等大。菌盖直径 2.0 ~ 3.5 cm，初期钝圆锥形，后伸展呈平突，污白色至稍带褐色，边缘有条纹，中央有较密的淡棕褐色平贴小鳞片，边缘小鳞片糠麸状。菌肉白色，伤后或老后变红褐色至暗褐色。菌褶离生，不等长，密度较密，棕黄褐色至棕褐色。菌柄长 3 ~ 6 cm，直径 0.5 ~ 1.5 cm，圆柱形，同菌盖色，肉质，空心，基部明显膨大，幼时与菌盖同大，有假根。

生态环境

夏秋季于针阔混交林地上单生或散生。

采集地点及编号

利川市 LC175。

经济价值

尚不明确。

253. 近黑灰盖孔菌 *Murinicarpus subadustus* (Z.S. Bi et G.Y. Zheng) B.K et al.

多孔菌目 Polyporales 多孔菌科 Polyporaceae 多孔菌属 *Murinicarpus*

生物特征

　　子实体中等大。菌盖直径4.6 ~ 7.0 cm，边缘浅棕色，中央深棕色，不黏，侧耳形，边缘有环纹沟，非水浸状。菌肉灰白色，有特殊气味。菌管多角形，管面浅棕色，管里白色。菌柄直径 1 ~ 2 cm，长 1.5 ~ 3.0 cm，棕色，粗，圆柱形，纤维质，实心，基部明显膨大。

生态环境

　　夏秋季于针阔混交林地上单生或散生。

采集地点及编号

　　宣恩县 XEJY1207。

经济价值

　　尚不明确。

254. **竹林蛇头菌** *Mutinus bambusinus* (Zoll.) E. Fisch.

鬼笔目 Phallales 鬼笔科 Phallaceae 蛇头菌属 *Mutinus*

生物特征

子实体小型。呈蛇状，分为三部分。最上面深红色，顶部稍尖，呈圆锥状，网状结构；中部橙色，圆柱形，网状结构；基部乳白色，稍膨大，空心，膜质。

生态环境

夏秋季于枯枝上单生或散生。

采集地点及编号

鹤峰县 HF1133。

经济价值

可药用。

255. 长柄小菇 *Mycena amicta* (Fr.) Quél.

伞菌目 Agaricales 小菇科 Mycenaceae 小菇属 *Mycena*

生物特征

子实体小型。菌盖直径2～5 cm，幼半球形，成熟后逐渐平展，中央凸起，灰色，不黏，边缘有条纹，被有棕色纤毛。菌肉薄，灰白色。菌褶灰白色，直生近离生，密度中，不等长。菌柄长2～6 cm，直径0.2～0.4 cm，圆柱形，同菌盖色，空心，脆骨质，上下等粗，或稍弯曲，基部稍膨大。

生态环境

夏秋季于混交林、竹林地上散生或群生。

采集地点及编号

来凤县 LF002。

经济价值

尚不明确。

256. 红汁小菇 *Mycena haematopus* (Pers.) P. Kumm.

伞菌目 Agaricales 小菇科 Mycenaceae 小菇属 *Mycena*

生物特征

子实体小型。菌盖直径 1.5 ~ 4.0 cm，幼时圆锥形，成熟后变为钟形，边缘具条纹，幼时暗红色，成熟后稍淡，中部深红色，边缘色淡，幼时有白色粉末状细颗粒，后变光滑，伤后流出血红色汁液。菌肉薄，白色至酒红色。菌褶直生或离生，灰白色，密度中，不等长。菌柄长 1.2 ~ 5.5 cm，直径 0.2 ~ 0.4 cm，圆柱形，同菌盖色或稍深，脆骨质，中空，基部稍膨大。孢子无色，光滑。

生态环境

夏秋季散生于腐木上。

采集地点及编号

巴东县 BD045。

经济价值

可药用。

257. 皮尔森小菇 *Mycena pearsoniana* Dennis ex Singer

伞菌目 Agaricales 小菇科 Mycenaceae 小菇属 *Mycena*

生物特征

　　子实体小型至中等大。菌盖直径 0.8 ~ 2.0 cm，幼时半球形，成熟后逐渐平展，幼时中央凸起，淡紫色、粉紫色至紫褐色，边缘灰白色，不黏，边缘有条纹，水浸状。菌肉薄，淡灰紫色，有胡萝卜味。菌褶淡紫色至紫色，弯生至近延生，密度中，不等长。菌柄长 4 ~ 7 cm，直径 0.2 ~ 0.5 cm，圆柱形，同菌盖色，空心，脆骨质，上部分被有粉霜，基部带有丝光，基部稍膨大且具少量白色绒毛。

生态环境

　　夏秋季于冷杉、云杉等针叶林枯枝落叶层上单生或散生。

采集地点及编号

　　巴东县 BDJSH37。

经济价值

　　尚不明确。

258. 洁小菇 *Mycena pura* (Pers.) P. Kumm.

伞菌目 Agaricales 小菇科 Mycenaceae 小菇属 *Mycena*

生物特征

　　子实体小型至中等大。菌盖直径 1.5 ~ 4.5 cm，扁半球形，成熟后稍伸展，淡紫色至丁香紫色，湿润，黏，边缘具条纹。菌肉淡紫色或白色，薄。菌褶淡紫色或白色，密度较密，直生或近弯生，不等长。菌柄圆柱形，长 2.5 ~ 6.5 cm，直径 0.3 ~ 0.5 cm，同菌盖色或稍淡，光滑，空心，脆骨质，基部往往具绒毛。孢子印白色。孢子无色，椭圆形。

生态环境

　　夏秋季于阔叶林中地上和腐枝层或腐木上丛生、群生或单生。

采集地点及编号

　　恩施市 ES0177。

经济价值

　　有毒。

259. 暗褐新牛肝菌 *Neoboletus obscureumbrinus* (Hongo) N.K.Zeng,H. ChaiZhi Q.Liang

牛肝菌目 Boletales 牛肝菌科 Boletaceae 新牛肝菌属 *Neoboletus*

生物特征

　　子实体中等大至大型。菌盖直径 5 ~ 12 cm，表面褐色至暗褐色。菌肉淡黄色，受伤后缓慢变为浅蓝色，厚。子实层体直生，表面红褐色，伤后迅速变暗蓝色。菌管黄色，伤后缓慢变蓝色。菌柄长 3.5 ~ 8.0 cm，直径 1.0 ~ 3.5 cm，上半部浅黄色至淡橙色，下半部褐色至橙褐色，伤后缓慢变蓝色，上细下粗。基部菌丝黄色。担孢子近梭形。

生态环境

　　夏秋季于针阔混交林中地上单生或散生。

采集地点及编号

　　利川市 LC1193。

经济价值

　　可食用。

260. 三河新棱孔菌 *Neofavolus mikawai* (Lloyd) Sotome & T. Hatt

多孔菌目 Polyporales 多孔菌科 Polyporaceae 新棱孔菌属 *Neofavolus*

生物特征

　子实体小型至中等大。菌盖扇形，近圆形至不规则形，直径 1.5 ～ 6.5 cm，浅黄白色至土黄色，边缘有辐射状条纹，木栓质。孔口表面浅黄褐色至黄褐色，孔口浅黄色、乳白色，圆形至椭圆形，菌管浅黄色。菌肉白色，厚。菌柄中生或侧生，黄褐色，长 0.2 ～ 0.3 cm，直径 0.2 ～ 0.3 cm，孢子圆柱形，无色。

生态环境

　夏秋季于阔叶林腐木上散生、群生或丛生。

采集地点及编号

　恩施市 ESBJ1001。

经济价值

　可食用。

261. 实心鸟巢菌 *Nidularia deformis* (Willd.) Fr.

伞菌目 Agaricales 鸟巢菌科 Nidulariaceae 鸟巢菌属 *Nidularia*

生物特征

子实体小型。似鸟巢，内有数个扁球形的小包，小包黄棕色，光滑，最后变为灰色，由一纤细的、有韧性的绳状体固定于包被中，其表面有一层白色的外膜，后期变为白色，外膜脱落后变为黑色。内侧光滑、淡黄色。外侧白色偏淡黄色，被白色绒毛。

生态环境

夏秋季于针阔混交林枯枝上散生或群生。

采集地点及编号

恩施市 ESTPS1025、ES00024。

经济价值

尚不明确。

262. *Oudemansiela roseopallida* Lodge & Ovrebo

伞菌目 Agaricales 蜡伞科 Hygrophoraceae 湿伞属 *Hygrocybe*

生物特征

　　子实体小型。菌盖直径 1.5 ~ 3.0 cm，幼时钟形，中央被有黄色绒毛，橙色，不黏，边缘有辐射状条纹。菌肉薄，白色。菌褶近白色，延生或离生，不等长。菌柄长 2 ~ 5 cm，直径 0.2 ~ 0.8 cm，实心，脆骨质，上部分浅黄色，下部分近白色，圆柱形，基部稍膨大。

生态环境

　　夏秋季于混交林中地上单生或散生。

采集地点及编号

　　利川市 LC114。

经济价值

　　尚不明确。

263. 树皮生锐孔菌 *Oxyporus corticola* (Fr.) Ryvarden

锈革孔菌目 Hymenochaetales 锐孔菌科 Oxyporaceae 锐孔菌属 *Oxyporus*

生物特征

子实体中等大。一年生至多年生，平伏，覆瓦状叠生，肉质至革质。平伏时长可达 20 cm，宽可达 6 cm，厚可达 2 mm。菌盖扇形、半圆形，外伸可达 3 cm，宽可达 5 cm，基部厚可达 2 mm。表面新鲜时奶油色至浅灰褐色，被绒毛，具同心环带和环沟，边缘锐，颜色浅。

生态环境

秋季生于阔叶林腐木上群生或叠生。

采集地点及编号

利川市 LC0154、LC0157。

经济价值

木腐菌。

264. 楔囊锐孔菌 *Oxyporus cuneatus* (Murrill) Aoshima

锈革孔菌目 Hymenochaetales 锐孔菌科 Oxyporaceae 锐孔菌属 *Oxyporus*

生物特征

　　子实体一年生，平伏至无柄盖形，覆瓦状叠生，难与基物剥离，革质，无臭无味。平伏时长可达 20 cm，宽可达 12 cm，厚可达 2 mm。菌盖扇形至半圆形，外伸可达 4 cm，宽可达 6 cm，基部厚可达 3 mm，表面白色、奶油色至浅赭色或浅黄褐色，边缘锐。

生态环境

　　夏秋季于阔叶林腐木上群生或叠生。

采集地点及编号

　　利川市 LC102。

经济价值

　　木腐菌。

265. 卷边桩菇 *Paxillus involutus* (Batsch) Fr.

牛肝菌目 Boletales 网褶菌科 Paxillaceae 桩菇属 *Paxillus*

生物特征

　　子实体中等至较大。浅土黄色至青褐色，菌盖边缘内卷，表面直径 3.5 ~ 8.5 cm，最大达 15.0 cm，初期扁半球形，成熟后逐渐平展，中部下凹成漏斗状，湿润时稍黏，老后绒毛减少至近光滑。菌肉浅黄色，较厚。菌褶浅黄绿色，青褐色，受伤后变暗褐色，密度较密，延生，不等长，靠近菌柄部分的菌褶间连接成网状。菌柄同盖色往往偏生，长 2 ~ 6 cm，直径 0.5 ~ 0.8 cm，内部实心，基部稍膨大。孢子锈褐色，椭圆形。

生态环境

　　夏秋季于阔叶林地上群生、丛生或散生。

采集地点及编号

　　恩施市 ESTPS1023。

经济价值

　　有毒。

266. 淡黄多年卧孔菌 *Perenniporia medulla-panis* (Jacq.) Donk

多孔菌目 Polyporales 多孔菌科 Polyporaceae 多年卧孔菌属 *Perenniporia*

生物特征

子实体较大。无菌柄，基部与腐木全贴相连。菌盖淡黄色偏白色，呈不规则形。菌肉白色，木质。菌管表面淡黄色，管里白色。

生态环境

夏秋季于阔叶林枯立木上群生。

采集地点及编号

咸丰县 XFPBYJQ0003。

经济价值

木腐菌。

267. 白赭多年卧孔菌 *Perenniporia ochroleuca* (Berk.) Ryvarden

多孔菌目 Polyporales 多孔菌科 Polyporaceae 多年卧孔菌属 *Perenniporia*

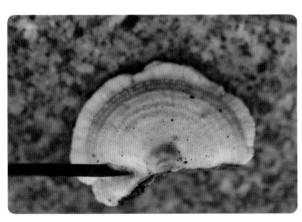

生物特征

子实体小型至中等大。多年生，无柄，覆瓦状叠生，革质至木栓质。菌盖近圆形或马蹄形，外伸可达 8 cm，宽可达 2.5 cm，厚可达 10 mm。表面奶油色至黄褐色，具明显的同心环带，边缘钝，颜色浅。孔口表面乳白色至土黄色。近圆形，边缘厚，全缘。不育边缘较窄。菌肉土黄褐色，菌管与孔口表面同色。孢子椭圆形。

生态环境

夏秋季于阔叶树倒木上群生或叠生。

采集地点及编号

来凤县 LF0200。

经济价值

造成木材白色腐朽。

268. 金盖鳞伞 *Phaeolepiota aurea* (Matt. : Fr.) Maire

伞菌目 Agaricales 菌瘿伞科 Squamanitaceae 褐伞属 *Phaeolepiota*

生物特征

子实体中等至大型。黄色，菌盖直径 2.5 ~ 8.5 cm。初期半球形，扁半球形，后期稍平展，中部凸起或有皱，金黄、橘黄色及密布粉粒状颗粒，老后边缘有不明显的条纹。菌肉白色带黄色，厚。菌褶初期白色带黄色，后变黄褐色，直生，不等长，较密，褶皱状或有小锯齿。菌柄细长，圆柱形，基部膨大，有橘黄色至黄褐色纵向排列的颗粒状鳞片，长 2 ~ 10 cm，直径 1.5 ~ 3.5 cm。菌环膜质，大，上表面光滑近白色，下面有颗粒并同菌柄联结在一起，不易脱落。孢子印黄褐色。孢子长纺锤形。

生态环境

夏秋季于针叶林或针阔混交林中地上。（有时于农田中）散生或群生。

采集地点及编号

鹤峰县。

经济价值

有毒。

269. 鬼笔属中的一种 *Phallus cremeo-ochraceus* T. Li, T.H. Li & W.Q. Deng

鬼笔目 Phallales 鬼笔科 Phallaceae 鬼笔属 *Phallus*

生物特征

子实体中等大至大型。高 5 ~ 12 cm，幼时包裹在白色卵圆形的包里，成熟时菌柄伸长。菌盖呈子弹形或钟形，直径 0.5 ~ 2.0 cm，有不规则凸起的网纹，深绿色，有腥臭气味，黏，菌盖反面暗灰色，膜质。菌盖下有白色网状菌幕，下垂如裙，长 6 ~ 8 cm。菌柄长 7 ~ 10 cm，近圆柱形，白黄色或浅黄色，中空呈海绵状。

生态环境

夏秋季于田间、灌木丛地上单生或散生。

采集地点及编号

恩施市 ESSC。

经济价值

尚不明确。

270. 黄脉鬼笔 *Phallus flavocostatus* Kreisel

鬼笔目 Phallales 鬼笔科 Phallaceae 鬼笔属 *Phallus*

生物特征

　　子实体一般较小。高 6 ~ 10 cm，幼时包裹在白色卵圆形的包里，当开裂时菌柄伸长。菌盖呈钟形，直径 0.5 ~ 1.5 cm，有不规则凸起的网纹，黄色至亮黄色，或呈橙黄色具暗绿色黏液，有腥臭味。菌柄近圆柱形，白黄色或浅黄色，中空呈海绵状。菌托白色，苞状，厚，高 2 ~ 3 cm。孢子无色，长椭圆形。

生态环境

　　夏秋季于林中倒腐木上散生或群生。

采集地点及编号

　　鹤峰县 HF0140。

经济价值

　　慎食用。

271. 栗褐多孔菌 *Phellinotus badius* (Cooke) Salvador-Montoya, Popoff & Drechsler-Santos

锈革孔菌目 Hymenochaetales 锈革孔菌科 Hymenochaetaceae 绣革孔菌属 *Phellinotus*

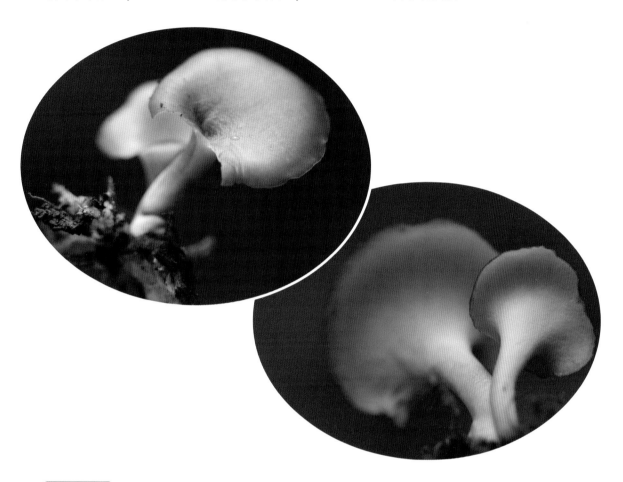

生物特征

子实体一般较小。菌管直径 3 ~ 5 cm，边缘浅灰色，终于棕色，不黏，菌管一侧向菌柄顶端处凹陷，平展，边缘处凹陷，非水浸状。菌肉白色，薄。菌管多角形，淡黄色。菌柄长 2.5 ~ 4.0 cm，直径 0.2 ~ 0.8 cm，白色，圆柱形，肉质，实心。

生态环境

夏秋季于混交林腐木上单生或散生。

采集地点及编号

鹤峰县 HF1144。

经济价值

可药用。

272. 多环鳞伞 *Pholiota multicingulata* E.Horak

伞菌目 Agaricales 球盖菇科 Strophariaceae 鳞伞属 *Pholiota*

生物特征

子实体小型至中等大。菌盖直径 2 ～ 5 cm，初期钟形，成熟后中凸至平展，具顶端微凸起，不黏，奶油色至铜棕色，中央深棕色，边缘内卷。菌褶密，浅棕色，直生近离生，不等长。菌柄长 2.5 ～ 5.5 cm，直径 0.3 ～ 0.5 cm，圆柱形，中生，上部白色，下部棕色，中空，基部深棕色。孢子椭圆形，黄棕色。

生态环境

夏秋季单生或散生于针叶林地树木上。

采集地点及编号

恩施市 FHSQ12、FHSQ13、ES0089、ES0095、ESBJ1222；建始县 JS0012；鹤峰县 HF1124。

经济价值

尚不明确。

273. 斑盖褶孔牛肝菌 *Phylloporus maculatus* N.K. Zeng et al.

牛肝菌目 Boletales 牛肝菌科 Boletaceae 褶孔牛肝菌属 *Phylloporus*

生物特征

子实体中等大。菌盖直径3～6 cm，扁平至平展，褐色至暗褐色，有点状斑纹。菌肉米色至淡黄色，无伤变色，较厚。菌褶延生，黄色，伤后变蓝色，随后缓慢恢复至黄色，密度稀，不等长。菌柄长3～6 cm，直径0.3～0.7 cm，圆柱形，被细小褐色鳞片，空心，基部稍膨大。

生态环境

夏秋季于针叶林地树木上单生或散生。

采集地点及编号

鹤峰县 HF1153。

经济价值

尚不明确。

274. 小孢褶孔菌 *Phylloporus parvisporus* Corner

牛肝菌目 Boletales 牛肝菌科 Boletaceae 褶孔牛肝菌属 *Phylloporus*

生物特征

子实体小型至中等大。菌盖直径 3.5 ~ 6.5 cm，边缘橙黄色，中央深棕色，不黏，伞形至平展，菌盖被有棕色纤毛。菌肉黄色，薄。菌褶黄色，密度稀，不等长，延生近直生。菌柄长 5 ~ 10 cm，直径 0.5 ~ 1.5 cm，圆柱形，上部棕黄色，基部浅黄色，纤维质，实心，被有纤毛，基部稍膨大。

生态环境

夏秋季于针叶林地树木上单生或散生。

采集地点及编号

恩施市 ES1005。

经济价值

尚不明确。

275. 云南褶孔牛肝菌 *Phylloporus yunnanensis* N.K. Zeng et al.

牛肝菌目 Boletales 牛肝菌科 Boletaceae 褶孔牛肝菌属 *Phylloporus*

生物特征

　　子实体小型至中等大。菌盖直径 3 ~ 7 cm，扁平至平展，中央常下陷，米色至淡黄色，中央深黄色，密被淡黄色、褐色至红褐色绒状鳞片。菌肉淡黄色，薄。菌褶延生，黄色，密度密，不等长，伤后变蓝色。菌柄长 4 ~ 8 cm，直径 0.2 ~ 0.6 cm，圆柱形，被黄褐色至红褐色绒状鳞片，基部有淡黄色绒毛。

生态环境

　　夏秋季于阔叶林地上单生或散生。

采集地点及编号

　　鹤峰县 HF0150、HF1136。

经济价值

　　尚不明确。

276. 黄褐黑斑根孔菌 *Picipes badius* (Pers.) Zmitr. & Kovalenko

多孔菌目 Polyporales 多孔菌科 Polyporaceae 黑柄多孔菌属 *Picipe*

生物特征

子实体小型。一年生，有柄，肉革质。菌盖扇形，肾形或近圆形，菌盖基部常下凹，长 0.8 ~ 5.0 cm，宽 0.5 ~ 4.0 cm，厚 1.0 ~ 3.5 mm，表面栗褐色，中部颜色较深或全部黑褐色，不黏，有时有细弱的放射状皱，边缘薄而锐，波浪状至瓣裂。菌肉白色或近白色至乳酪色，新鲜时柔韧，干时变硬而脆，薄。菌管沿柄下延，与菌肉同色或呈淡黄褐色，长 0.5 ~ 1.0 mm。孔面与菌管同色。管口近圆形或多角形。菌柄侧生或偏生，长 0.5 ~ 3.0 cm，直径 0.3 ~ 0.6 cm，几乎全柄呈黑色，有绒毛，后渐变光滑，有时中空，圆柱形。

生态环境

夏秋季于针阔混交林枯枝上散生或群生。

采集地点及编号

恩施市 ESBY0004。

经济价值

尚不明确。

277. 黑柄多孔菌属中的一种 *Picipes subdictyopus* (H. Lee, N.K. Kim & Y.W. Lim) B.K. Cui, Xing Ji & J.L. Zhou

多孔菌目 Polyporales 多孔菌科 Polyporaceae 黑柄多孔菌属 *Picipe*

生物特征

子实体小型。肉质至革质，具中生柄。菌盖圆形或扇形，直径 2 ~ 4 cm，表面浅棕色，中央近菌柄处深褐色，不黏，边缘无条纹。孔口表面白色，多角形。菌肉白色，薄。菌柄短，黑色，长 0.2 ~ 0.5 cm，直径 0.2 ~ 0.3 cm，被绒毛，短粗。

生态环境

夏秋季于阔叶树腐木上单生或散生。

采集地点及编号

来凤县 LF011、LF021。

经济价值

尚不明确。

278. 拟黑柄黑斑根孔菌 *Picipes submelanopus* (H.J. Xue & L.W. Zhou) J.L. Zhou & B.K. Cui

多孔菌目 Polyporales 多孔菌科 Polyporaceae 黑柄多孔菌属 *Picipe*

生物特征

子实体小型。肉质至革质，具中生柄。菌盖圆形，分裂成 5 ~ 7 瓣，直径 1.5 ~ 4.0 cm，表面黄褐色、橙褐色至暗褐色，中央深褐色，光滑，边缘不规则，有突刺。孔口表面白色，干后浅黄色至浅橘黄色，近圆形。菌肉白色，干后淡黄色，薄。菌柄黑色，长 1.5 ~ 3.5 cm，直径 0.5 ~ 0.8 cm，被绒毛，上细下粗。

生态环境

夏秋季于阔叶树倒木上单生或散生。

采集地点及编号

恩施市 ESTPS1018。

经济价值

可药用。

279. 梭伦小剥管孔菌 *Piptoporellus soloniensis* (Dubois) B.K. Cui, M.L. Han & Y.C. Dai

多孔菌目 Polyporales 小剥管孔菌属 *Piptoporellus*

生物特征

子实体中等大至大型。形状不一，平伏、无菌盖，有柄，一年生或多年生，肉质、革质、木栓质或木质。菌肉通常无色或褐色。子实层生于菌管内，菌管通常位于子实体下面，管状、齿状或迷路状，它们紧密地联结在一起，有共同的管壁，有囊状体、刚毛、菌丝柱等不孕器官。担子棒状。孢子具多种形状，无色至褐色。

生态环境

夏秋季于阔叶林腐木上散生、群生或叠生。

采集地点及编号

咸丰县 XFSDX10002。

经济价值

可药用。

280. 桃红侧耳 *Pleurotus djamor* (Rumph.) Boedijn

伞菌目 Agaricales 侧耳科 Pleurotaceae 侧耳属 *Pleurotus*

生物特征

子实体小型至中等大。覆瓦状叠生或丛生，白色、淡粉色。菌盖宽 0.8 ~ 8.0 cm，匙形、肺形、贝壳形或扇形，表面光滑，不黏，成熟后盖中部被绒毛。边缘初期内卷，具浅条纹，常浅裂，盖缘完整，生小菌盖。菌肉厚，边缘薄，脆，坚硬。菌褶延生或离生，淡黄色或黄色，密度稀，不等长。菌柄一般不明显或很短，长 0.5 ~ 1.5 cm，被有白色细绒毛，较粗，圆柱形，空心。孢子印带粉红色。孢子光滑，近圆柱形。

生态环境

夏秋季于阔叶树枯木、树桩上叠生或近丛生。

采集地点及编号

咸丰县 XFQLS1014。

经济价值

可食用，也可药用，木腐菌。

281. 肺形侧耳 *Pleurotus pulmonarius* (Fr.) Quél.

伞菌目 Agaricales 侧耳科 Pleurotaceae 侧耳属 *Pleurotus*

生物特征

子实体小型至中等大。菌盖直径 2 ~ 8 cm，扁半球形至平展，倒卵形至肾形或近扇形，表面光滑，不黏，白色、灰白色至灰黄色，边缘平滑或稍呈波状。菌肉白色，靠近基部稍厚。菌褶白色，密，延生，不等长，无伤变色。菌柄很短或几无，长 0.5 ~ 1.5 cm，直径 0.2 ~ 0.4 cm，白色有绒毛，后期近光滑，内部实心至松软，短粗，上粗下细。孢子无色透明、光滑，近圆柱形。

生态环境

夏秋季于阔叶树倒木、枯树干或木桩上丛生。

采集地点及编号

宣恩县 XEGL0209、XEGL0206；鹤峰县 HF1146；利川市 LC0152。

经济价值

可食用，木腐菌。

282. 白柄光柄菇 *Pluteus albostipitatus* (Dennis)Singer

伞菌目 Agaricales 光柄菇科 Pluteaceae 光柄菇属 *Pluteus*

生物特征

子实体较小。菌盖直径 3.2 ~ 6.0 cm，灰色，不黏，斗笠形，边缘有辐射状条纹，非水浸状。菌肉白色，薄。菌褶白色，密度中，离生，不等长。菌柄长 4 ~ 7 cm，直径 0.2 ~ 0.5 cm，同菌盖颜色，纤维质，实心，圆柱形，基部稍膨大。

生态环境

夏秋季于阔叶树倒木腐木上单生或散生。

采集地点及编号

恩施市 ES0179。

经济价值

尚不明确。

283. 稀茸光柄菇 *Pluteus tomentosulus* Peck

伞菌目 Agaricales 光柄菇科 Pluteaceae 光柄菇属 *Pluteus*

生物特征

　　子实体小型至中等大。菌盖直径 4 ~ 8 cm，边缘黄色，中央浅棕色，表面被棕色颗粒，平展，中央有乳突，不黏，边缘有辐射状条纹，非水浸状。菌肉白色，薄。菌褶白色，密度中，离生，不等长。菌柄长 3 ~ 5 cm，直径 0.2 ~ 0.5 cm，白色，圆柱形，上细下粗，脆骨质，实心，被有绒毛，基部稍膨大。

生态环境

　　夏秋季于竹林等林地的腐木上散生或群生。

采集地点及编号

　　利川市 LC0161。

经济价值

　　尚不明确。

284. 多变光柄菇 *Pluteus varius* E.F. Malysheva, O.V. Morozova & A.V. Alexandrova

伞菌目 Agaricales 光柄菇科 Pluteaceae 光柄菇属 *Pluteus*

生物特征

子实体较小至中等大。菌盖直径 2 ～ 6 cm，边缘白色，中央白色被有棕色块鳞，不黏，平展，中央稍凹陷，边缘有条纹，非水浸状。菌肉白色，较厚。菌褶浅棕色，密度密，离生，不等长，菌柄长 1.5 ～ 3.0 cm，直径 0.2 ～ 0.6 cm，同菌盖颜色，脆骨质，空心，基部稍膨大。

生态环境

夏秋季于混交林腐木上单生或散生。

采集地点及编号

鹤峰县 HF1145。

经济价值

尚不明确。

285. 软异薄孔菌 *Podofomes mollis* (Sommerf.) Gorjón

多孔菌目 Polyporales 多孔菌科 Polyporaceae 多孔菌属 *Podofomes*

生物特征

子实体一年生。菌盖长 3 ~ 20 cm，宽 2 ~ 10 cm，边缘白色至淡黄色，中央淡褐色，不黏，非水浸状。菌肉白色，薄，不透明，有微弱的气味。菌管多角形，外侧白色，管里淡黄色，孔口 0.5 ~ 0.7 mm。菌柄无。

生态环境

夏秋季于混交林腐木上群生。

采集地点及编号

巴东县 BDJSH02。

经济价值

尚不明确。

286. 亮褐柄杯菌 *Podoscypha fulvonitens* (Berk.) D.A. Reid

多孔菌目 Polyporales 柄杯菌科 Meruliaceae 柄杯菌属 *Podoscypha*

生物特征

子实体中等大。菌盖直径 3 ~ 7 cm，白色至淡黄色，不黏，扇形，边缘有辐射状条纹，非水浸状。菌肉白色，薄，透明，有微弱的气味。菌管多角形，外侧淡黄色，管里白色。菌柄长 1.5 ~ 2.5 cm，直径 0.3 ~ 0.8 cm，白色偏淡黄色，肉质，实心，圆柱形。

生态环境

夏秋季于针阔混交林腐败竹笋壳上群生。

采集地点及编号

宣恩县 XESDG0203。

经济价值

尚不明确。

287. 朝鲜多孔菌 *Polyporus koreanus* H. Lee, N. K. Kim & Y. W. Lim

多孔菌目 Polyporales 多孔菌科 Polyporaceae 多孔菌属 *Polyporus*

生物特征

　　子实体中等大。菌盖直径 7 ~ 12 cm，边缘古铜色，中央深褐色至黑色，不黏，漏斗状，边缘有环纹，边缘四周内卷。菌肉白色，厚。菌管多角形，白色至淡黄色。菌柄长 3.5 ~ 5.0 cm，直径 0.5 ~ 2.0 cm，棕色，基部偏黑色，肉质，实心，基部稍膨大。

生态环境

　　春秋季于阔叶树腐木上单生或散生。

采集地点及编号

　　利川市 LC0170。

经济价值

　　尚不明确。

288. 莽山多孔菌 *Polyporus mangshanensis* B. K. Cui, J. L. Zhou & Y. C. Dai

多孔菌目 Polyporales 多孔菌科 Polyporaceae 多孔菌属 *Polyporus*

生物特征

　　子实体小至中等大。菌盖直径 5 ~ 10 cm，边缘白色，中央浅黄色，黏，漏斗形，边缘有条纹，非水浸状。菌肉白色，厚。菌管多角形，白色、黄色或淡黄色。菌柄长 3.5 ~ 6.0 cm，直径 0.2 ~ 1.0 cm，圆柱形，上部白色，基部深棕色，纤维质，实心。

生态环境

　　春至秋季于阔叶树腐木、枯枝上单生或散生。

采集地点及编号

　　鹤峰县 HF1120；咸丰县 XF00017。

经济价值

　　尚不明确。

289. 理坡瑞多孔菌 *Polyporus leprieurii* Mont.

多孔菌目 Polyporales 多孔菌科 Polyporaceae 多孔菌属 *Polyporus*

生物特征

子实体小型。菌盖黄色，革质，不黏，平展或似耳形，边缘无条纹，直径 3 ~ 6 cm，非水浸状。菌管极细，约为 0.001 mm，多角形，管面和管里均为白色。菌柄长 1.0 ~ 2.5 cm，直径 0.2 ~ 0.5 cm，白色，上粗下细，纤维质，实心，基部稍膨大。

生态环境

夏秋季于灌丛中的枯立木上散生或群生。

采集地点及编号

恩施市 ESFHS09。

经济价值

尚不明确。

290. 近网柄多孔菌 *Polyporus subdictyopus* H. Lee, N. K. Kim & Y. W. Lim

多孔菌目 Polyporales 多孔菌科 Polyporaceae 多孔菌属 *Polyporus*

生物特征

子实体小型至中等大。菌盖直径 3 ~ 6 cm，边缘黑色至橙红色，中央橙红色，不黏，扇形或耳形，边缘有条纹，菌盖表面被有蜡质。菌肉深棕色，厚，有特殊气味。菌管多角形，管面灰色，管里橙色。菌柄长 1.0 ~ 3.5 cm，直径 0.2 ~ 0.8 cm，黑色，纤维质，实心，基部稍膨大。

生态环境

夏秋季于混交林腐木上散生或群生。

采集地点及编号

来凤县 LF1187；咸丰县 XFZJH1011、XFZJH1010、XF00018；利川市 LC1198。

经济价值

尚不明确。

291. 脐状皮孔菌 *Porotheleum omphaliiforme* (Kuhner) Vizzini, Consiglio & M. Marchetti

伞菌目 Agaricales 皮孔菌科 Porotheleaceae 皮孔菌属 *Porotheleum*

生物特征

子实体小型。菌盖直径 1.5 ~ 3.0 cm，黄色，黏，平展，中央脐状，非水浸状。菌肉黄色，薄。菌褶黄色，密度稀，延生。菌柄长 0.5 ~ 1.5 cm，直径 0.1 ~ 0.3 cm，上部黄色，下部棕色，脆骨质，空心。

生态环境

夏秋季于混交林腐木上散生或群生。

采集地点及编号

来凤县 LF1186；咸丰县 XF10008。

经济价值

尚不明确。

292. 绒毛波斯特孔菌 *Postia hirsuta* L.L. Shen & B.K. Cui

多孔菌目 Polyporales 拟层孔菌科 Fomitopsidaceae 波斯特孔菌属 *Postia*

生物特征

　　子实体中等大。一年生，软木栓质。菌盖扇形，长 3～6 cm，宽 2～5 cm，基部厚可达 2 cm，表面奶油色至淡鼠灰色，具密绒毛，无同心环带，边缘钝，新鲜时白色至奶油色，干后浅黄色。孔口表面新鲜时奶油色，干后浅黄色，圆形至多角形。几乎无菌柄，气味无或较微弱。

生态环境

　　夏秋季于混交林腐木上单生或散生。

采集地点及编号

　　鹤峰县 HF1107。

经济价值

　　尚不明确。

293. 阿玛拉小脆柄菇 *Psathyrella amaura* (Berk. & Broome) Pegler

伞菌目 Agaricales 鬼伞科 Psathyrellaceae 小脆柄菇属 *Psathyrella*

生物特征

子实体小型至中等大。菌盖直径 2.0 ~ 5.5 cm，边缘浅棕色，中央深棕色，不黏，斗笠形，边缘无条纹，被有纤毛，非水浸状。菌肉白色，厚。菌褶浅棕色，密度密，离生，不等长。菌柄长约 7.1 cm，直径约 0.6 cm，白色，纤维质，空心，有纤毛。

生态环境

夏秋季于针阔混交林中地上单生或散生。

采集地点及编号

恩施市 ESBYP005。

经济价值

尚不明确。

294. 微小脆柄菇 *Psathyrella pygmaea* (Bull.) Singer

伞菌目 Agaricales 鬼伞科 Psathyrellaceae 小脆柄菇属 *Psathyrella*

生物特征

子实体小型至中等大。菌盖直径 0.5 ~ 1.2 cm，初期扁半球形，成熟后逐渐平展，中部钝圆，略微凸起，具有半透明条纹，水浸状，不黏，幼时中部粉棕色，边缘淡褐色，成熟后颜色变淡，边缘渐变为淡棕色，干后具褶皱，边缘内卷，条纹不明显。菌肉灰棕色，薄，有特殊气味。菌褶密，幼时微白色，后变为粉棕色，老时红棕色，直生，不等长，边缘光滑。菌柄脆骨质，中生，长 1.6 ~ 3.2 cm，直径 0.2 ~ 0.3 cm，圆柱形，中空管状，初期污白色，渐变为淡棕色，丝光质，整个菌柄具白色粉霜状物。孢子印紫棕色。

生态环境

秋季于针阔混交林腐木上散生或群生。

采集地点及编号

恩施市 ESBJ1002、ESBJ015。

经济价值

尚不明确。

295. 小脆柄菇属中的一种 *Psathyrella ramicola* A. H. Sm.

伞菌目 Agaricales 鬼伞科 Psathyrellaceae 小脆柄菇属 *Psathyrella*

生物特征

子实体小型至中等大。菌盖直径 2 ~ 5 cm，灰棕色，不黏，斗笠形，边缘有辐射状沟纹，非水浸状。菌肉薄，有特殊气味。菌褶深褐色至黑色，密，直生或近延生，不等长。菌柄长 5 ~ 12 cm，直径 0.2 ~ 0.8 cm，白色偏棕色，圆柱形，脆骨质，空心，基部稍膨大。

生态环境

春夏季于针阔混交林地上散生或群生。

采集地点及编号

宣恩县 XE005。

经济价值

尚不明确。

296. 褐黄小脆柄菇 *Psathyrella subnuda* (P.Karst.) A.H.Sm.

伞菌目 Agaricales 鬼伞科 Psathyrellaceae 小脆柄菇属 *Psathyrella*

生物特征

　　子实体一般较小。菌盖半球形至近扁平，菌盖直径 2 ~ 4 cm，近浅黄褐色或淡黄色表面光沿，边缘有条纹。菌肉污黄色，薄。菌褶灰色到暗褐色，近直生，密度密，不等长。菌柄上下等粗，长 4.5 ~ 8.5 cm，直径 0.3 ~ 0.5 cm，圆柱形，白色，空心，脆骨质。孢子光滑，椭圆形、柠檬形。

生态环境

　　夏秋季于阔叶林地上单生或散生。

采集地点及编号

　　咸丰县 XFZJH1003。

经济价值

　　尚不明确。

297. 胶质刺银耳 *Pseudohydnum gelatinosum* (Scop.) P. Karst

木耳目 Auriculariales 木耳科 Auriculariaceae 刺银耳属 *Pseudohydnum*

生物特征

子实体较小。半透明似胶质，软，污白色扇形，匙形或掌状至圆形，具短柄。菌盖直径 2 ~ 6 cm，阴湿处多呈污白至乳白色，光多处带淡褐色，开始有细毛，后变光滑。菌盖下密生长 0.2 ~ 0.5 cm 的小肉刺。菌柄长约 1 cm，粗 0.5 ~ 0.8 cm。孢子近球形，无色，遇氢氧化钾带黄色。

生态环境

夏秋季于针阔混交林倒腐木或枯木桩基部散生或群生。

采集地点及编号

恩施市 ES0176。

经济价值

可食用。

298. 毛腿拟湿伞 *Pseudohydropus floccipes* (Fr.) Vizzini & Consiglio comb.

伞菌目 Agaricales 皮孔菌科 Porotheleaceae 假湿柄伞属 *Pseudohydropus*

生物特征

　　子实体小型。菌盖直径 1.5 ~ 3.5 cm，边缘浅灰色，中央深灰色，不黏，斗笠形，顶部有条纹，非水浸状。菌肉白色，薄。菌褶白色，密度稀，离生，不等长。菌柄长 3 ~ 6 cm，直径 0.2 ~ 0.5 cm，乳白色，扁圆柱形，脆骨质，空心。

生态环境

　　夏秋季于阔叶林腐木上单生或散生。

采集地点及编号

　　咸丰县 XFPBYJQ0010。

经济价值

　　尚不明确。

299. 光囊假皮伞 *Pseudomarasmius glabrocystidiatus* (Antonin, Ryoo & Ka) R.H. Petersen

伞菌目 Agaricales 类脐菇科 Omphalotaceae 假小皮伞属 *Pseudomarasmius*

生物特征

子实体小型。菌盖直径 2 ~ 4 cm，边缘白色，中央淡灰色，不黏，斗笠形，非水浸状。菌肉白色，薄，半透明。菌褶白色，密度中，直生，不等长。菌柄长 2.1 ~ 4.0 cm，直径 0.1 ~ 0.3 cm，上部棕色，基部偏黑色，纤维质，实心。

生态环境

夏秋季于阔叶林腐木上单生或散生。

采集地点及编号

恩施市 ES0181。

经济价值

尚不明确。

300. 波纹伪干朽菌 *Pseudomerulius curtisii* (Berk.) Redhead & Ginns

牛肝菌目 Boletales 小塔氏菌科 Tapinellaceae 假皱孔菌属 *Pseudomerulius*

生物特征

子实体中等至较大。菌盖直径 2.5 ~ 10.0 cm，扁平、半圆形、扁形或平展，黄色，老后茶褐灰色，表面具细绒毛或光沿，边缘内卷，无菌柄。菌肉黄色，较厚，具强烈的腥臭气味。菌褶初期橘黄色，老后青色至深烟色，密度密，波状，分叉交织成网状，长短不一。孢子印锈色。孢子浅青黄色，光滑，椭圆形。

生态环境

夏秋季于阔叶林等树木桩上梭瓦状生长单生、散生或叠生。

采集地点及编号

利川市 LC0167。

经济价值

有毒。

301. 成堆假伞 *Pseudosperma sororium* (Kauffman) Matheny & Esteve-Rav.

伞菌目 Agaricales 丝盖伞科 Inocybaceae 拟丝盖伞属 *Pseudosperma*

生物特征

子实体中等至较大。菌盖直径 2.4 ~ 5.5 cm，边缘浅棕色，中央深棕色，不黏，平展中央有乳突，被有块鳞，非水浸状。菌肉淡黄色，较厚。菌褶白色偏淡黄色，密度稀，离生，不等长。菌柄长 4.5 ~ 8.0 cm，直径 0.2 ~ 0.6 cm，白色至淡黄色，脆骨质，空心，基部稍膨大。

生态环境

夏秋季于混交林地上单生或散生。

采集地点及编号

恩施市 ESBYP0051-2。

经济价值

尚不明确。

302. 淡红粉末牛肝菌 *Pulveroboletus subrufus* N. K. Zeng & Zhu L. Yang

牛肝菌目 Boletales 牛肝菌科 Boletaceae 粉末牛肝菌属 *Pulveroboletus*

生物特征

子实体小型至中等大。菌盖直径 1～5 cm，边缘黄色，中央黄棕色，平展，中央稍凹陷，不黏，非水浸状。菌肉淡黄色，厚，伤时为蓝色。菌管淡黄色，孔口 0.1～0.5 mm，多角形。菌环位于上部，黄色，单层，肉质，不脱落。菌柄长 5～12 cm，直径 0.5～1.5 cm，上部分白色，下部分黄色，圆柱形，肉质，实心，基部稍膨大。

生态环境

夏秋季于针阔混交林地上单生或散生。

采集地点及编号

利川市 LC153、LC10、LC15。

经济价值

尚不明确。

303. 粗环点革菌 *Punctularia strigosozonata* Schwei P.H.B.Talbot

伏革菌目 Corticiales 皮壳菌科 Corticiaceae 点壳菌属 *Punctularia*

【生物特征】

子实体中等至较大。菌盖直径 2.2 ~ 5.0 cm，边缘深棕色，中央黑色，不黏，侧耳形，边缘有环纹，被有纤毛，非水浸状。菌肉棕色，韧质，有特殊气味。菌管细小，管口多角形，棕色。菌柄几乎无。

【生态环境】

夏秋季于混交林地上单生、散生或群生。

【采集地点及编号】

来凤县 LF1194。

【经济价值】

尚不明确。

304. 灰雀伞 *Pyrrhulomyces astragalinus* (Fr.) E.J. Tian & Matheny

伞菌目 Agaricales 球盖菇科 Strophariaceae 灰雀伞属 *Pyrrhulomyces*

生物特征

子实体小型。菌盖直径 1.2 ~ 3.0 cm，边缘浅黄色，中央浅橙色，不黏，斗笠形，中央有乳突，边缘有条纹。菌肉黄色，薄。菌褶黄色，密度中，离生，不等长。菌柄长 3 ~ 7 cm，直径 0.2 ~ 0.5 cm，黄色，纤维质，空心，基部稍膨大。

生态环境

春秋季于针叶林腐木上单生或散生。

采集地点及编号

恩施市 ESTPS1019、ESTPS00021、ES0079；利川市 LC0166。

经济价值

尚不明确。

305. 细顶枝瑚菌 *Ramaria gracilis* (Fr.) Quél.

钉菇目 Gomphales 钉菇科 Gomphaceae 枝瑚菌属 *Ramaria*

生物特征

子实体小型至中等大。多次分枝而密。高 3 ~ 8 cm，宽 2.0 ~ 5.5 cm，上部分枝较短，下部黄色，顶端近白色，顶端小枝直径 0.1 ~ 0.2 cm，小枝呈齿状，2 ~ 3 个一簇似鸡冠状，下部赭黄色，黄褐色。基部色浅污白色，被细绒毛。菌肉白色，质脆，厚。担子长棒状，无色。孢子无色，椭圆形或近似宽椭圆形，浅黄色。

生态环境

夏秋季于针阔混交林林地上成丛单生或群生。

采集地点及编号

宣恩县 XESDG1219；鹤峰县 HF0103、HF1123；恩施市 ES0065、ES0097。

经济价值

慎食用。

306. 空柄根伞 *Rhizocybe vermicularis* (Fr.) Vizzini, P. Alvarado, G. Moreno & Consiglio

伞菌目 Agaricales 假根杯伞属 *Rhizocybe*

生物特征

子实体小型至中等大。菌盖直径 3 ~ 6 cm，橙黄色，平展，中央稍凹，不黏，非水浸状。菌肉白色偏淡黄色，无特殊气味。菌褶橙黄色，密度密，延生，不等长。菌柄长 2.5 ~ 5.5 cm，直径 0.3 ~ 0.8 cm，灰白色，圆柱形，纤维质，空心，基部具明显的假根。

生态环境

夏秋季于针叶林地上散生。

采集地点及编号

巴东县 BD023。

经济价值

尚不明确。

307. 乳酪状红金钱菌 *Rhodocollybia butyracea* (Bull.) Lennox

伞菌目 Agaricales 类脐菇科 Omphalotaceae 粉金钱菌属 *Rhodocollybia*

生物特征

子实体小型至中等大。菌盖直径 2 ~ 5 cm，平展至近扁平，中部钝或凸起，白色或污白色，平滑无毛，不黏，非水浸状。菌肉白色，较厚，气味温和。菌褶直生至近离生，白色或带黄色，密度密，不等长，褶缘锯齿状。菌柄圆柱形，细长，近基部常弯曲，长 3 ~ 6 cm，直径 0.5 ~ 1.0 cm，具纵长条纹或扭曲的纵条沟，软骨质，内部空心，基部稍彭大。

生态环境

夏秋季于阔叶林地上单生或散生。

采集地点及编号

来凤县 LF040。

经济价值

可食用。

308. 斑粉金钱菌 *Rhodocollybia maculata* (Alb. & Schwein.) Singer

伞菌目 Agaricales 类脐菇科 Omphalotaceae 粉金钱菌属 *Rhodocollybia*

生物特征

子实体小型至中等大。菌盖直径 2 ~ 8 cm，扁半球形至近扁平，中部钝或凸起，表面白色或污白色，常有锈褐色斑点或斑纹，老后表面带黄色或褐色，平滑无毛，边缘幼期卷无条棱。菌肉白色，中部厚，气味温和。菌褶直生至近离生，白色或带黄色，密度稀，较宽，不等长，褶缘锯齿状，常常出现带白金色斑痕。菌柄圆柱形，细长，近基部常弯曲，长 3 ~ 10 cm，直径 0.5 ~ 1.5 cm，有时中下部膨大和基部处延伸呈根状，具纵长条纹或扭曲的纵条沟，软骨质，内部空心。孢子近球形。

生态环境

夏秋季于针叶林林中腐枝层、腐朽木地上散生或丛生。

采集地点及编号

恩施市 ESFHS01。

经济价值

可食用。

309. 毛缘菇 *Ripartites tricholoma* (Alb.&Schwein.)P.Karst.

伞菌目 Agaricales 口蘑科 Tricholomataceae 毛缘菇属 *Ripartites*

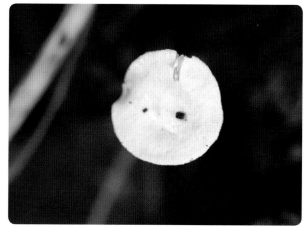

生物特征

子实体小型。菌盖直径 2 ~ 6 cm，斗笠形至渐平展，中部向下凹陷，边缘微波状，具条纹，有睫毛状刚毛或绒毛，白色，不黏。菌肉肉质，白色，气味无。菌褶直生，密度密，间隙宽，不等长，白色至渐变成淡肉桂色。菌柄长 2.5 ~ 5.5 cm，直径 0.2 ~ 0.4 cm，空心，脆骨质，白色至污棕色，基部被有绒毛，稍膨大。

生态环境

夏秋季于混交林枯枝上单生或群生。

采集地点及编号

建始县 JS0004。

经济价值

尚不明确。

310. 近葡萄酒色红菇 *Russula* aff. *vinacea* Burl.

红菇目 Russulales 红菇科 Russulaceae 红菇属 *Russula*

生物特征

子实体中等至大型。菌盖直径6 ~ 12 cm，粉红色，中央深红、酒红色，不黏，平展，中央凹陷不规则，有油状凸起，边缘有辐射状条纹，非水浸状。菌肉白色，厚。菌褶白色，密度中，离生或近弯生，等长。菌柄长 8 ~ 12 cm，直径 2.0 ~ 3.5 cm，白色，肉质，实心，被有鳞粉，基部明显膨大。

生态环境

夏秋季于针阔混交林地上单生或散生。

采集地点及编号

咸丰县 XFPBYJQ0005。

经济价值

尚不明确。

311. 大红菇 *Russula alutacea* (Pers.) Fr.

红菇目 Russulales 红菇科 Russulaceae 红菇属 *Russula*

生物特征

子实体中等大至大型。菌盖直径 4 ~ 11 cm，初期扁半球形，成熟后平展而中部下凹，湿时黏，深苋菜红色、鲜紫红或暗紫红色，边缘有明显条纹。菌肉白色，味道柔和，薄。菌褶等长，褶间有横脉，被有白色绒毛，直生或近延生，乳白色后淡赭黄色，前缘常带红色。菌柄圆柱形，长 2 ~ 8 cm，直径 0.8 ~ 2.5 cm，白色，空心，脆骨质，常于上部或一侧带粉红色，或全部粉红色而向下渐淡。孢子印黄色。孢子淡黄色，近球形。

生态环境

夏秋季于针阔混交林地上与树种形成菌根散生或群生。

采集地点及编号

恩施市 ESBYP0050。

经济价值

有毒。

312. 橙黄红菇 *Russula aurantioflava* Kiran & Khalid

红菇目 Russulales 红菇科 Russulaceae 红菇属 *Russula*

生物特征

　　子实体中等大。菌盖直径 4 ~ 8 cm，初期扁半球形，成熟后平展至中部稍下凹，橘红色至橘黄色，中部往往较深或带黄色，老后边缘有条纹。菌肉白色，近表皮处橘红色或黄色，较厚，气味好闻。菌褶淡黄色，等长或不等长，直生至几乎离生，密度稍密，褶间具横脉，近柄处往往分叉。菌柄长 2.5 ~ 5.5 cm，直径 0.8 ~ 1.8 cm，圆柱形，淡黄色或白色或部分黄色，肉质，内部松软后变中空。

生态环境

　　夏秋季于针阔混交林中地上单生或群生。

采集地点及编号

　　鹤峰县 HF0216。

经济价值

　　可食用，可药用。

313. 天蓝红菇 *Russula azurea* Bres.

红菇目 Russulales 红菇科 Russulaceae 红菇属 *Russula*

生物特征

子实体小型至中等大。菌盖直径 4 ~ 6 cm，成熟后平展至中部稍下凹开裂，污白色，中部往往较深或带淡黄色，不黏，非水浸状。菌肉白色，较厚。菌褶淡黄色，等长或不等长，直生，密度密。菌柄长 2 ~ 5 cm，直径 0.5 ~ 2.0 cm，圆柱形或棒形，上细下粗，同菌盖色，肉质，空心，基部稍膨大。

生态环境

夏秋季于针阔混交林地上单生或散生。

采集地点及编号

利川市 LC21。

经济价值

可食用。

314. 伯氏红菇 *Russula burlinghamiae* Singer

红菇目 Russulales 红菇科 Russulaceae 红菇属 *Russula*

生物特征

子实体小型。菌盖直径 2 ~ 6 cm，边缘浅黄色，中央黄色，不黏，平展，中央凹陷，边缘有纵条纹，非水浸状。菌肉白色，较厚。菌褶白色至淡黄色，密度密，直生，不等长。菌柄长 4.2 ~ 6.5 cm，直径 0.5 ~ 2.0 cm，上部分白色，下部分黄色，脆骨质，空心，被有鳞片，基部稍膨大。

生态环境

夏秋季于针阔混交林中地上单生或散生。

采集地点及编号

鹤峰县 HF0132。

经济价值

尚不明确。

315. 蜡质红菇 *Russula cerea* (Soehner) J.M. Vidal

红菇目 Russulales 红菇科 Russulaceae 红菇属 *Russula*

生物特征

子实体小型至中等大。菌盖直径 2 ~ 6 cm，边缘黄色，中央橙色，幼时帽形，成熟后伞形，不黏，非水浸状。菌肉淡黄色，薄。菌褶淡黄色，密度密，不等长，离生近直生。菌柄长 4.5 ~ 8.0 cm，直径 0.5 ~ 2.5 cm，圆柱形，脆骨质，空心，白色，被有黄色鳞片，基部稍膨大。

生态环境

夏秋季于针阔混交林中地上单生、散生或群生。

采集地点及编号

鹤峰县 HF0119；利川市 LC51。

经济价值

尚不明确。

316. 裘氏红菇 *Russula chiui* G. J. Li & H. A. Wen

红菇目 Russulales 红菇科 Russulaceae 红菇属 *Russula*

生物特征

子实体小型至中等大。菌盖直径 2 ～ 4 cm，边缘浅红色，中央深红色，不黏，幼时半球形，成熟后平展上翘，被有块鳞，非水浸状。菌肉白色，厚。菌褶白色至乳白色，密度中，直生或近离生，不等长。菌柄长 2.5 ～ 5.0 cm，直径 0.5 ～ 1.5 cm，白色，脆骨质，空心，基部有假根，稍膨大。

生态环境

夏秋季于针阔混交林中地上单生或散生。

采集地点及编号

鹤峰县 HF0148。

经济价值

尚不明确。

317. 红菇属中的一种 *Russula chlorineolens* Trappe & T.F. Elliott

红菇目 Russulales 红菇科 Russulaceae 红菇属 *Russula*

生物特征

子实体小型至中等大。菌盖直径 4 ~ 8 cm，边缘浅红色，中央深红色，不黏，平展上翘，被有块鳞，非水浸状。菌肉白色，厚，有蘑菇气味。菌褶白色至乳白色，密度中，直生近离生，不等长。菌柄长 3 ~ 10 cm，直径 0.5 ~ 1.5 cm，圆柱形，白色，脆骨质，空心，基部有假根，不膨大。

生态环境

夏秋季于针阔混交林中地上单生或散生。

采集地点及编号

来凤县 LF012。

经济价值

尚不明确。

318. 蜜黄菇 *Russula citrina* Gillet

红菇目 Russulales 红菇科 Russulaceae 红菇属 *Russula*

生物特征

　　子实体小型至中等大。菌盖直径 3 ~ 8 cm，成熟后平展至中央稍下凹，蜜黄色，赭色、黄色至暗黄色，中央颜色加深，呈榄绿色或黄褐色，湿时黏，边缘无条纹且稍内卷，表皮不易剥离。菌肉白色，气味有辛辣味。菌褶白色，密度密，直生近离生，不等长。菌柄棒槌形，上细下粗，白色，中空，脆骨质，基部明显膨大。

生态环境

　　夏秋季于针阔混交林地上单生、散生。

采集地点及编号

　　巴东县 BD021。

经济价值

　　可食用。

319. 赤黄红菇 *Russula compacta* Frost & Peck

红菇目 Russulales 红菇科 Russulaceae 红菇属 *Russula*

生物特征

子实体中等大。菌盖直径4～12 cm,初期扁球形,边缘伸展后中部下凹呈浅漏斗状,浅污土黄色,表面湿时黏。菌肉白色,伤处变红褐色,厚而硬,气味特殊。菌褶污白色,伤处具红褐色斑点,近离生,密度密,不等长。菌柄长 2.5～6.5 cm,直径 0.5～1.0 cm,圆柱形,污白有纵条纹及花纹,空心,肉质,上细下粗。孢子近球形。

生态环境

夏秋季于针阔混交林地上散生或群生。

采集地点及编号

鹤峰县 HF1149、HF1117。

经济价值

可食用,外生菌根菌。

320. 奶油色红菇 *Russula cremicolor* G.J. Li & C.Y. Deng

红菇目 Russulales 红菇科 Russulaceae 红菇属 *Russula*

生物特征

　　子实体中等大。菌盖直径 11 ～ 18 cm，白色至淡黄色，不黏，漏斗状，非水浸状。菌肉白色，厚，有特殊气味，伤变色为绿色。菌褶白色至淡黄色，密度密，延生，不等长。菌柄长 4 ～ 6 cm，直径 3 ～ 5 cm，白色，短粗，肉质，实心，圆柱形。

生态环境

　　夏秋季于针叶林地上散生或群生。

采集地点及编号

　　鹤峰县 HF0218。

经济价值

　　可食用。

321. 黄斑绿菇 *Russula crustosa* Peck

红菇目 Russulales 红菇科 Russulaceae 红菇属 *Russula*

生物特征

子实体中等大。菌盖直径 2 ~ 7 cm，浅土黄色或浅黄褐色，中部色略深，扁半球形，伸展后中部下凹，除中部外表面有斑状龟裂，湿时黏，老后边有条纹。菌肉白色，无特殊气味，较厚。菌褶白色，老后变为暗乳黄色，前缘宽，近柄处窄，少数分叉，直生，不等长或近乎等长。菌柄白色，圆柱形，上细下粗，长 3.5 ~ 8.5 cm，直径 0.5 ~ 1.5 cm，空心，肉质，中部膨大。孢子印白色或黄色。孢子近球形。

生态环境

夏秋季于阔叶林中地上散生或群生。

采集地点及编号

恩施市 ESFHS1070、ESFHS13。

经济价值

可食用，也可药用。

322. 花盖红菇 *Russula cyanoxantha* (Schaeff.) Fr.

红菇目 Russulales 红菇科 Russulaceae 红菇属 *Russula*

生物特征

子实体中等至较大。菌盖直径 3.5 ~ 8.5 cm，初期扁半球形，伸展后下凹，颜色多样，暗紫灰色、紫褐色或紫灰色带点绿色，老后常呈淡青褐色、绿灰色，往往各色混杂，黏，具不明显条纹。菌肉白色，表皮下淡红色或淡紫色，无气味，较厚。菌褶白色，直生，密度密，分叉或基部分叉，褶间有横脉，老后可有锈色斑点，不等长。菌柄长 3 ~ 7 cm，直径 0.8 ~ 1.5 cm，圆柱形，白色，肉质，内部松软至空心。孢子印白色。孢子近球形。

生态环境

夏秋季于阔叶林中地上散生至群生。

采集地点及编号

鹤峰县 HF0117、HF0120、HF0131、HF1128、HF1137；利川市 LC45。

经济价值

可食用。

323. 密褶红菇 *Russula densifolia* Secr. ex Gillet

红菇目 Russulales 红菇科 Russulaceae 红菇属 *Russula*

生物特征

　子实体中等大至大型。菌盖直径 5 ~ 12 cm，初期边缘内卷，中央下凹，脐状，成熟后伸展近漏斗状，黏，污白色、灰色至暗褐色。菌肉较厚，白色，伤变红色至黑褐色。菌褶直生或近延生，分叉，不等长，窄，密度极密，近白色，受伤变红褐色，老后黑褐色。菌柄白色，老后棕色，伤后变红至黑褐色，实心，长 3 ~ 6 cm，直径 0.8 ~ 1.8 cm，肉质，实心，圆柱形，上下等粗。

生态环境

　夏秋季于阔叶林地上单生、散生或群生。

采集地点及编号

　鹤峰县 HF1127、HF1157；利川市 LC1188。

经济价值

　可药用，有毒。

324. 臭红菇 *Russula foetens* Pers.

红菇目 Russulales 红菇科 Russulaceae 红菇属 *Russula*

生物特征

子实体小型至中等大。菌盖污黄至黄褐色，水浸状，黏滑，边缘有明显放射状的粗条棱，菌盖直径 2～5 cm，扁半球形，平展后中部稍下凹，中央色深污黄褐色、黄褐色，边缘黄白色。菌肉污白色，厚 2～5 mm，无伤变色，较厚。菌褶直生至近延生，污白色至淡黄褐色，等长，褶缘色深且粗糙。菌柄圆柱形，具褐黑色小腺点，较粗，上部渐细，污白色，长 2.5～5.0 cm，直径 0.5～1.2 cm，内部松软至中空，质脆。孢子印白色。

生态环境

夏秋季于混交林地上单生或群生。

采集地点及编号

利川市 LC1196。

经济价值

有毒。

325. 异褶红菇 *Russula heterophylla* (Fr.) Fr.

红菇目 Russulales 红菇科 Russulaceae 红菇属 *Russula*

生物特征

　　子实体小型至中等大。菌盖宽 4 ～ 10 cm，扁半球形，成熟后平展至中部下凹，绿色但深浅多变，微蓝绿色，淡黄绿色或灰绿色，湿时黏，边缘平滑。菌肉白色，较厚，味道柔和，无特殊气味。菌褶白色，密度密，等长，延生。菌柄长 3 ～ 5 cm，直径 0.8 ～ 1.5 cm，白色，等粗或向上略细，空心，脆骨质，基部稍膨大。

生态环境

　　夏秋季于混交林地上单生或群生。

采集地点及编号

　　利川市 LC62、LC162。

经济价值

　　可食用。

326. 日本红菇 *Russula japonica* Hongo

红菇目 Russulales 红菇科 Russulaceae 红菇属 *Russula*

生物特征

子实体小型至中等大。菌盖直径 6 ～ 12 cm，中央凹至近漏斗形，边缘略内卷，白色，有土黄色的色斑，黏。菌肉脆，白色，厚。菌褶直生近延生，密度密，不等长，部分分叉，白色或淡黄色，易碎。菌柄长 2 ～ 6 cm，直径 1 ～ 3 cm，短粗，圆柱形，肉质，实心，质脆，基部不膨大。

生态环境

夏秋季于针阔混交林地上或灌丛中散生、群生。

采集地点及编号

利川市 LC09。

经济价值

有毒。

327. 红菇属中的一种 *Russula laccata* Huijsman

红菇目 Russulales 红菇科 Russulaceae 红菇属 *Russula*

生物特征

子实体小型至中等大。菌盖直径 2 ~ 6 cm，平展，中央稍凹陷，边缘略内卷，边缘淡红色，中央棕色，不黏。菌肉脆，白色，较厚。菌褶直生近离生，密度密，不等长，部分分叉，白色或淡黄色。菌柄长 2 ~ 8 cm，直径 0.5 ~ 1.5 cm，短粗，圆柱形，形似棒槌，肉质，实心，基部稍膨大。

生态环境

夏秋季于混交林地上或灌丛中单生或散生。

采集地点及编号

巴东县 BDJSH32。

经济价值

尚不明确。

328. 拉汗帕利红菇 *Russula lakhanpalii* A. Ghosh, K. Das & R.P. Bhatt

红菇目 Russulales 红菇科 Russulaceae 红菇属 *Russula*

生物特征

子实体小型至中等大。菌盖直径 2.2 ~ 5.0 cm，淡黄色，不黏，帽形，非水浸状。菌肉白色，有特殊气味。菌褶白色，密度密，直生，不等长。菌柄长 2.5 ~ 6.0 cm，直径 0.6 ~ 1.5 cm，同菌盖颜色，肉质，实心，圆柱形。

生态环境

夏秋季于针阔混交林地上单生、散生或群生。

采集地点及编号

鹤峰县 HF1131。

经济价值

尚不明确。

329. 拟臭黄菇 *Russula laurocerasi* Melzer

红菇目 Russulales 红菇科 Russulaceae 红菇属 *Russula*

生物特征

　　子实体中等至较大。菌盖直径 2 ~ 12 cm，初期扁半球形，成熟后渐平展，中央下凹浅漏斗状，浅黄色、土黄色或污黄褐色至草黄色，表面黏滑，边缘有明显的由颗粒或疣组成的条棱。菌肉污白色，厚，有特殊气味。菌褶直生至近离生，密度密，污白色，往往有污褐色或浅赭色斑点，等长。菌柄长 2.5 ~ 10.0 cm，直径 0.4 ~ 1.5 cm，近圆柱形，中空，表面污白至浅黄色或浅土黄色，上细下粗。孢子近球形。

生态环境

　　夏秋季于阔叶林地上群生或散生。

采集地点及编号

　　鹤峰县 HF0118、HF1113；来凤县 LF0196。

经济价值

　　有毒。

330. 白果红菇 *Russula leucocarpa* G.J. Li & C.Y. Deng

红菇目 Russulales 红菇科 Russulaceae 红菇属 *Russula*

生物特征

　　子实体中等大至大型。菌盖直径 5 ~ 15 cm，成熟后平展，中央稍凹陷，边缘内卷，污白色，湿时黏，非水浸状。菌肉白色，气味带腥味，伤变色似为黄色，有黄色汁液，菌肉较厚。菌褶密，污白色或黄蓝色，不等长，直生近离生。菌柄短粗，圆柱形，上下等粗，长 1 ~ 5 cm，直径 0.5 ~ 1.5 cm，污白色，内部实心，肉质。

生态环境

　　夏秋季于阔叶林或混交林地上散生或群生。

采集地点及编号

　　利川市 LC165。

经济价值

　　有毒。

331. 稀褶黑菇 *Russula nigricans* (Bull.) Fr.

红菇目 Russulales 红菇科 Russulaceae 红菇属 *Russula*

生物特征

子实体中等大至大型。菌盖直径 5 ~ 10 cm，成熟后平展，中央稍下凹，灰褐色，中央褐色，被有大小不一的块鳞，边缘成熟后内卷，湿时黏，水浸状。菌肉污白色，受伤处开始变红色，后变黑色，菌肉较厚。菌褶污白色，密度稀，直生后期近凹生，不等长，褶间有横脉。菌柄短粗，圆柱形，上下等粗，长 2.5 ~ 6.5 cm，直径 0.7 ~ 1.4 cm，初期污白色，后变黑褐色，内部实心，肉质。孢子近球形。

生态环境

夏秋季于阔叶林或混交林地上散生或群生。

采集地点及编号

鹤峰县 HF0138。

经济价值

有毒。

332. 桃红菇 *Russula persicina* Krombh.

红菇目 Russulales 红菇科 Russulaceae 红菇属 *Russula*

生物特征

　　子实体中等大至大型。菌盖直径 3 ~ 6 cm，成熟后平展，中央稍下凹，粉红色，中央深红色，不黏，非水浸状。菌肉污白色，菌肉薄。菌褶污白色，密度密，直生或近延生，不等长。菌柄较粗，圆柱形，上细下粗，长 4 ~ 7 cm，直径 0.3 ~ 1.0 cm，初期污白色，后变淡黄色，内部空心，肉质，被有鳞片，基部稍膨大。

生态环境

　　夏秋季于针叶林地上散生或群生。

采集地点及编号

　　利川市 LC119。

经济价值

　　可食用。

333. 斑柄红菇 *Russula punctipes* Sing.

红菇目 Russulales 红菇科 Russulaceae 红菇属 *Russula*

生物特征

子实体中等大。菌盖边缘深棕色，中央深灰色，不黏，斗笠形，边缘无条纹，直径5.2～7.0 cm，被有纤毛。菌肉白色，有特殊气味，较厚。菌褶白色至淡黄色，密度中，延生，不等长。菌柄长4.5～6.0 cm，直径0.8～1.5 cm，白色，空心，脆骨质。

生态环境

夏秋季于针阔混交林地上单生或散生。

采集地点及编号

鹤峰县 HF1114。

经济价值

可食用。

334. 罗梅尔红菇 *Russula romellii* Maire, Bull. Soc. mycol. Fr.

红菇目 Russulales 红菇科 Russulaceae 红菇属 *Russula*

生物特征

子实体中到大型。菌盖直径4.5～12.0 cm，初期半球形，成熟后平展中部下凹至浅漏斗状至碟状，边缘常内卷，具短条纹，湿时黏，酒红色、淡紫红色至橄榄红，有时褪色至灰白色。菌肉白色，较脆，老后淡黄色，无特殊气味，薄。菌褶白色，老后赭色，直生，褶间具横脉，分叉较多，密度较密，等长。菌柄圆柱形，上细下粗，长4～8 cm，直径0.6～1.5 cm，近基部略粗，白色，光滑，初内实后中空。孢子印浅赭色。

生态环境

夏秋季于落叶阔叶林或针阔混交林林中地上单生或散生。

采集地点及编号

鹤峰县 HF0114；恩施市 ESBJ012。

经济价值

可食用。

335. 玫瑰红菇 *Russula rosacea* (Bull.) Fr.

红菇目 Russulales 红菇科 Russulaceae 红菇属 *Russula*

生物特征

子实体小型或中等大。菌盖直径 3 ~ 7 cm，初期半球形至扁半球形，后渐平展中部下凹，玫瑰红或近血红色或带朱红色，黏，边缘无条纹。菌肉白色，较厚，有特殊气味。菌褶近白色，密度密，等长或不等长，近直生至稍延生，有分叉。菌柄圆柱形，上细下粗，白色带粉红色，长 3 ~ 8 cm，直径 0.6 ~ 1.5 cm，内部松软至空心。孢子印白色。

生态环境

夏秋季于阔叶林地上单生或散生。

采集地点及编号

来凤县 LF025。

经济价值

可食用。

336. 红色红菇 *Russula rosea* Quél.

红菇目 Russulales 红菇科 Russulaceae 红菇属 *Russula*

生物特征

　　子实体一般中等大。菌盖直径 4 ～ 12 cm，初期钟形，成熟后扁半球形至近平展，中部下凹，粉红色、红色至灰紫红色，中部往往色深，被绒毛，湿时黏，边缘平滑或无条纹，干时有白色粉末。菌肉白色，无气味，厚。菌褶白色，老后黄色，密度密，近直生，等长。菌柄长 3.5 ～ 8.5 cm，直径 0.6 ～ 1.2 cm，圆柱形或近棒状，基部稍膨大，白色或带粉紫色，绒状或有条纹。孢子近球形或球形。

生态环境

　　夏秋季于阔叶林地上单生或散生。

采集地点及编号

　　鹤峰县 HF1130、HF1132、HF0116。

经济价值

　　可食用。

337. 红白红菇 *Russula rubroalba* (Singer) Romagn

红菇目 Russulales 红菇科 Russulaceae 红菇属 *Russula*

生物特征

　　子实体一般小型至中等大。菌盖直径 8.2 ~ 10.0 cm，菌盖白色至淡粉色，不黏，平展且中央凹陷。菌肉白色，较厚。菌褶白色至淡黄色，稀，直生，不等长。菌柄长 3.8 ~ 5.0 cm，直径 1.5 ~ 2.0 cm，白色，圆柱形，空心，脆骨质。

生态环境

　　夏秋季于混交林地上单生或散生。

采集地点及编号

　　鹤峰县 HF0122；恩施市 ESBJ1005、ESBJ1006。

经济价值

　　尚不明确。

338. 血红菇 *Russula sanguinea* (Bull.) Fr.

红菇目 Russulales 红菇科 Russulaceae 红菇属 *Russula*

生物特征

　　子实体小型至中等大。菌盖直径 2 ~ 8 cm，初期扁半球形，成熟后平展至中部下凹，大红色，干后带紫色，老后往往局部或成片状褪色。菌肉白色，无伤变色，较厚。菌褶白色，老后变为乳黄色，密度密，等长，延生。菌柄长 2 ~ 8 cm，直径 0.5 ~ 1.5 cm，近圆柱形或近棒状，通常珊瑚红色，罕为白色，老后或触摸处带橙黄色，实心，脆骨质。孢子印淡黄色。孢子无色，球形至近球形。

生态环境

　　夏秋季于针阔混交林地上散生或群生。

采集地点及编号

　　恩施市 ESFHS1065、ES1089；利川市 LC1184。

经济价值

　　可食用，可药用。

339. 近黑紫红菇 *Russula subatropurpurea* J.W. Li & L.H. Qiu

红菇目 Russulales 红菇科 Russulaceae 红菇属 *Russula*

生物特征

子实体中等大。菌盖直径 3.5 ~ 8.5 cm，初期半球形，成熟后平展，最后中部下凹，湿时黏，紫红色、紫色或暗紫色，中部色更暗，边缘色浅，边缘薄，平滑。菌肉白色，表皮下淡红紫色，较厚。菌褶白色，后稍带乳黄色，等长，直生。菌柄长 3 ~ 8 cm，直径 0.8 ~ 2.5 cm，圆柱形，上下等粗，白色，有时中部粉红色，基部稍带赭石色，实心，老后中空。孢子印白色。孢子无色，近球形。

生态环境

夏秋季于阔叶林林中地上单生或群生。

采集地点及编号

恩施市 ESFHS1053。

经济价值

尚不明确。

340. 亚臭红菇 *Russula subfoetens* W.G. Sm.

红菇目 Russulales 红菇科 Russulaceae 红菇属 *Russula*

生物特征

子实体中等大。菌盖土黄色至浅黄褐色，表面黏滑，直径 5.5 ~ 10.0 cm，扁半球形，平展后中部下凹，往往中部颜色更深，为土褐色。菌肉白色，质脆，具腥臭味，较厚。菌褶白至浅黄色，常有深色斑痕，直生，密度密，不等长。菌柄呈圆柱形或棒槌状，较为粗壮，长 3 ~ 6 cm，直径 0.8 ~ 1.5 cm，白色至浅黄色，老后常出现深色斑痕，内部松软至空心，脆骨质，有的中间较粗，两边细。

生态环境

夏秋季于针阔混交林地上单生或散生。

采集地点及编号

鹤峰县 HF0109。

经济价值

有毒。

341. 亚稀褶红菇 *Russula subnigricans* Hongo

红菇目 Russulales 红菇科 Russulaceae 红菇属 *Russula*

生物特征

子实体中等大。菌盖浅灰色至煤灰黑色，菌盖直径 5 ~ 12 cm，扁半球形，中部下凹呈漏斗状，不黏，有微细绒毛，边缘色浅而内卷，无条棱。菌肉白色，受伤处变红色，较厚。菌褶直生或近延生，浅黄白色，伤变红色，稀疏，不等长，厚而脆，往往有横脉。菌柄椭圆形或圆柱形，长 2.5 ~ 6.5 cm，直径 0.6 ~ 1.5 cm，较菌盖色浅，内部实心或松软，脆骨质，上下等粗。孢子近球形。

生态环境

夏秋季于针阔混交林地上单生或散生。

采集地点及编号

鹤峰县 HF0135。

经济价值

有毒。

342. 近浅赭红菇 *Russula subpallidirosea* J. B. Zhang & L. H. Qiu

红菇目 Russulales 红菇科 Russulaceae 红菇属 *Russula*

生物特征

　　子实体中等大。菌盖边缘浅灰色，中央绿色，不黏，平展，中央凹陷，边缘有纵条纹，菌盖直径 6.2 ~ 8.0 cm，非水浸状。菌肉白色，较厚。菌褶白色，密度中，直生，不等长。菌柄长 5.8 ~ 7.0 cm，直径 1.2 ~ 2.0 cm，白色，脆骨质，空心，圆柱形。

生态环境

　　夏秋季于阔叶林中地上单生或散生。

采集地点及编号

　　鹤峰县 HF0137。

经济价值

　　尚不明确。

343. 亚硫磺红菇 *Russula subsulphurea* Murrill

红菇目 Russulales 红菇科 Russulaceae 红菇属 *Russula*

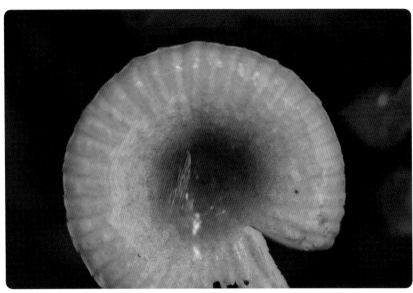

生物特征

　　子实体小型至中等大。菌盖边缘浅红色，中央深红色，平展且中央凹陷，不黏，边缘有向下弯曲的条纹，菌盖直径 2.2 ~ 5.0 cm，非水浸状。菌肉白色，薄。菌褶白色，密度稀，弯生近离生，等长。菌柄长 2 ~ 6 cm，直径 0.3 ~ 1.0 cm，白色，圆柱形，肉质，实心。

生态环境

　　夏秋季于针阔混交林中地上单生或散生。

采集地点及编号

　　鹤峰县 HF1156。

经济价值

　　尚不明确。

344. 红菇属中的一种 *Russula subvinosa* McNabb

红菇目 Russulales 红菇科 Russulaceae 红菇属 *Russula*

生物特征

　　子实体小型至中等大。菌盖直径 4 ~ 8 cm，菌盖边缘浅棕色至淡粉色，中央棕色，平展且中央凹陷，不黏，边缘无条纹，非水浸状。菌肉白色，厚，有特殊气味。菌褶白色，密度密，直生，等长。菌柄长 3.5 ~ 6.5 cm，直径 0.5 ~ 1.5 cm，白色，圆柱形近棒形，肉质，实心，基部稍膨大。

生态环境

　　夏秋季于针阔混交林中地上单生或散生。

采集地点及编号

　　利川市 LC50。

经济价值

　　尚不明确。

345. 多变红菇 *Russula variata* D. V. Baxter

红菇目 Russulales 红菇科 Russulaceae 红菇属 *Russula*

生物特征

  子实体小型至中等大。菌盖边缘白色至浅棕色，中央白色至棕色，平展且中央凹陷，不黏，边缘无条纹，菌盖直径 5.2 ~ 12.0 cm，非水浸状。菌肉白色，厚，有特殊气味。菌褶白色，密度密，直生，不等长。菌柄长 3.5 ~ 6.0 cm，直径 1.4 ~ 2.0 cm，白色，圆柱形，脆骨质，实心。

生态环境

  夏秋季于针阔混交林中地上散生或群生。

采集地点及编号

  恩施市 ESBJ1227、ESBJ1229。

经济价值

  尚不明确。

346. 微紫柄红菇 *Russula violeipes* Quél.

红菇目 Russulales 红菇科 Russulaceae 红菇属 *Russula*

生物特征

　　子实体中等大。菌盖直径 4 ~ 10 cm，半球形或扁平至平展，中部下凹，疑似有粉末，灰黄色、橄榄色或部分红色至紫红色，边缘平整或开裂。菌肉白色，薄，有特殊气味。菌褶离生，密度密，等长，浅黄色，无伤变色。菌柄长 3 ~ 8 cm，直径 0.6 ~ 2.6 cm，圆柱形，表面似有粉末，白色或污黄且部分或为紫红色，基部往往变细。孢子近球形。

生态环境

　　夏秋季于针阔混交林地上单生或散生。

采集地点及编号

　　建始县 JS0005；鹤峰县 HF1118；利川市 LC12。

经济价值

　　可食用。

347. 酒红褐红菇 *Russula vinosobrunnea* (Bres.) Romagn.

红菇目 Russulales 红菇科 Russulaceae 红菇属 *Russula*

生物特征

子实体中等大至大型。菌盖直径5～12 cm，边缘灰色，中央褐色，黏，平展，中部稍凹陷，边缘有辐射状条纹，非水浸状。菌肉白色，有臭味，无伤变色。菌褶白色，密度密，直生近弯生，不等长。菌柄长3～6 cm，直径1～3 cm，棒槌形，白色，肉质、空心，基部明显膨大。

生态环境

夏秋季于针阔混交林地上单生或散生。

采集地点及编号

巴东县 BD004。

经济价值

尚不明确。

348. 绿桂红菇 *Russula viridicinnamomea* F.Yuan & Y.Song

红菇目 Russulales 红菇科 Russulaceae 红菇属 *Russula*

【生物特征】
　　子实体小型至中等大。菌盖直径 2 ~ 5 cm，边缘白色至青色，中央青色，不黏，平展，菌盖被有块鳞，非水浸状。菌肉白色，较厚。菌褶白色，密度密，直生，等长。菌柄长 2.6 ~ 5.0 cm，直径 1.1 ~ 2.0 cm，白色，肉质，实心，圆柱形，基部有假根。

【生态环境】
　　夏秋季于针阔混交林地上单生或散生。

【采集地点及编号】
　　利川市 LC1177。

【经济价值】
　　可食用。

349. 锦带花纤孔菌 *Sanghuangporus weigelae* (T. Hatt. & Sheng H. Wu) Sheng H. et al.

锈革孔菌目 Hymenochaetales 锈革孔菌科 Hymenochaetaceae 桑黄孔菌属 *Sanghuangporus*

生物特征

子实体中等大。多年生，平伏反卷至无柄，木栓质。菌盖外伸 3 ~ 4 cm，宽可达 10 cm，基部厚可达 3 cm。表面暗褐色至近黑色，具明显的环沟和环区，开裂。边缘钝，橘黄色。孔口表面黄褐色，圆形，边缘薄，全缘。菌肉异质。

生态环境

夏秋季于阔叶树上单生或散生。

采集地点及编号

利川市 LC0156。

经济价值

可药用。

350. 裂褶菌 *Schizophyllum commune* Fr.

伞菌目 Agaricales 裂褶菌科 Schizophyllaceae 裂褶菌属 *Schizophyllum*

生物特征

子实体小型。菌盖直径0.6 ~ 4.2 cm，白色至灰白色，上有绒毛或粗毛，扇形或肾形，具多数裂瓣。菌肉薄，白色。菌褶窄，从基部辐射而出，白色或灰白色，有时淡紫色，延生，不等长。沿边缘纵裂而反卷，柄短或无，长 0.2 ~ 0.4 cm，直径 0.2 ~ 0.3 cm，肉质，扁柱形，同菌盖色。

生态环境

夏秋季于针阔混交林中的枯枝倒木上散生或群生。

采集地点及编号

来凤县 LF1193；恩施市 ES00031、ES0038；宣恩县 XEGL002。

经济价值

可食用，也可药用，木腐菌。

351. 大孢硬皮马勃 *Scleroderma bovista* Fr.

牛肝菌目 Boletales 硬皮马勃科 Sclerodermataceae 硬皮马勃属 *Scleroderma*

生物特征

　　子实体小型。不规则球形至扁球形。直径 0.5 ~ 3.5 cm，高 2 ~ 4 cm，由白色根状菌索固定于地上。包被浅黄色至灰褐色，薄，有韧性，光滑或呈鳞片状。孢体暗青褐色。孢丝褐色，顶端膨大。孢子球形，暗褐色。

生态环境

　　夏秋季于阔叶林中地上散生或群生，并与树木形成菌根菌。

采集地点及编号

　　鹤峰县 HF0128。

经济价值

　　可药用。

352. 光硬皮马勃 *Scleroderma cepa* Pers.

牛肝菌目 Boletales 硬皮马勃科 Sclerodermataceae 硬皮马勃属 *Scleroderma*

生物特征

子实体小型。近球形或扁球形，宽 1.5 ~ 3.5 cm，高 2 ~ 5 cm，无柄或极短，由一团菌丝束固定于地上。包被开始白色，干后薄，土黄色，浅青褐色，后暗红褐色，光滑，有时顶端具细致斑纹。孢子深褐色或紫褐色，球形。

生态环境

夏秋季于针叶林地上单生或散生。

采集地点及编号

恩施市 ESTPS1030。

经济价值

有毒。

353. 耐冷白齿菌 *Sistotrema brinkmannii* (Bres.) J. Erikss.

鸡油菌目 Cantharellales 鸡油菌科 Hydnaceae 肉片齿菌属 *Sistotrema*

生物特征

子实体中等大至大型。菌盖直径 5 ~ 12 cm，中央棕黄色，边缘黑褐色，不黏，半漏斗形，边缘无条纹，非水浸状。菌肉黄色，无气味。菌管极细，小于 0.01 mm，多角形，管里管面均为黄色。菌柄长 3.5 ~ 7.5 cm，直径 0.5 ~ 1.0 cm，黑褐色偏深黑色，圆柱形，纤维质，实心，基部稍膨大。

生态环境

春夏季于腐木上散生或群生。

采集地点及编号

巴东县 BD043。

经济价值

尚不明确。

354. 毛韧革菌 *Stereum hirsutum* (Willd.) Fr.

红菇目 Russulales 韧革菌科 Stereaceae 韧革菌属 *Stereum*

生物特征

子实体小型至中等大。半圆形、贝壳形或扇形，无柄，菌盖宽 2 ~ 6 cm，厚 0.2 ~ 0.5 cm，表面浅黄色至淡褐色，有粗毛或绒毛，具同心环棱，边缘薄而锐，完整或波浪状。菌肉白色至淡黄色，薄。管孔面白色、浅黄色、灰白色，有时变暗灰色，孔口圆形至多角形，管壁完整。担孢子圆柱形。

生态环境

夏秋季于阔叶树枯立木、伐桩上单生或覆瓦状排列。

采集地点及编号

来凤县 LF0190。

经济价值

可药用。

355. 微茸松塔牛肝菌 *Strobilomyces subnudus* J.Z. Ying

牛肝菌目 Boletales 牛肝菌科 Boletaceae 松塔牛肝菌属 *Strobilomyces*

生物特征

　　子实体中等大。菌盖直径 4.5 ~ 8.5 cm，幼时半球形，成熟后平展。菌盖表面黑色至灰色，被具绒毛状鳞片，菌盖凹生，灰褐色，伤后变褐色。菌肉污白色，厚。菌管口多角形，每毫米 1 ~ 2 个，灰褐色，孔口 0.05 ~ 0.10 mm。菌柄长 5 ~ 8 cm，直径 0.5 ~ 2.8 cm，实心，圆柱形，被具灰褐色绒毛状鳞片。

生态环境

　　夏秋季于针阔混交林中地上单生或散生。

采集地点及编号

　　鹤峰县 HF0130。

经济价值

　　尚不明确。

356. 东方球果伞 *Strobilurus orientalis* Zhu L. Yang & J. Qin

伞菌目 Agaricales 泡头菌科 Physalacriaceae 球果伞属 *Strobilurus*

生物特征

子实体小型至中等大。菌盖直径 2 ~ 6 cm，幼时半球形，成熟后平展，中央稍凸，菌盖表面灰色，灰褐色，不黏，非水浸状。菌肉污白色，薄。菌褶白色近乳白色，密度密，直生，不等长。菌柄长 3 ~ 8 cm，直径 0.2 ~ 0.5 cm，棕色，细长，脆骨质，空心，基部稍膨大。

生态环境

夏秋季于针阔混交林中地上散生或群生。

采集地点及编号

巴东县 BDJSH36。

经济价值

尚不明确。

357. 球果伞属中的一种 *Strobilurus pachycystidiatus* J. Qin & Zhu L. Yang

伞菌目 Agaricales 泡头菌科 Physalacriaceae 球果伞属 *Strobilurus*

生物特征

子实体小型。菌盖直径 1 ~ 4 cm，幼时半球形，成熟后平展，中央稍凸，菌盖表面灰色，灰褐色，不黏，非水浸状。菌肉污白色，薄。菌褶白色近乳白色，密度密，直生，不等长。菌柄长 3 ~ 10 cm，直径 0.1 ~ 0.3 cm，棕色，细长，脆骨质，空心，基部不膨大。

生态环境

夏秋季于针阔混交林中地上散生或群生。

采集地点及编号

巴东县 BDJSH35。

经济价值

尚不明确。

358. 污白松果菇 *Strobilurus trullisatus* (Murrill) Lennox

伞菌目 Agaricales 泡头菌科 Physalacriaceae 球果伞属 *Strobilurus*

生物特征

子实体小型。菌盖直径 0.3 ~ 1.5 cm，菌盖白色，透明，不黏，平展，无条纹，非水浸状。菌肉白色，薄。菌褶白色，密度稀，直生近弯生，不等长。菌柄长 1.0 ~ 2.5 cm，直径 0.1 ~ 0.2 cm，白色，空心，脆骨质，基部稍膨大。

生态环境

夏秋季于腐叶上或地上单生或散生。

采集地点及编号

恩施市 ESWCP00012。

经济价值

尚不明确。

359. **酒红球盖菇** *Stropharia rugosoannulata* Farl. ex Murrill

伞菌目 Agaricales 球盖菇科 Strophariaceae 球盖菇属 *Stropharia*

生物特征

子实体中等大至大型。菌盖直径可达15 cm，扁半球形至扁平，或凸镜形，湿时稍黏，盖缘光滑或覆丛毛状鳞片，附着较多的菌幕残片。菌肉厚，白色。菌褶弯生，密度大，不等长，脆质。菌柄长16 cm，直径0.5～1.0 cm，幼时柄基膨大，成熟后多等粗，纤维质，成熟菌柄上部乳白色，中部、基部黄褐色。菌环上位，上面具皱褶。

生态环境

夏秋季于针阔混交林中地上散生或群生。

采集地点及编号

巴东县 BDJSH20。

经济价值

可食用，也可药用。

360. 涂擦球盖菇 *Stropharia inuncta* (Fr.) Quél.

伞菌目 Agaricales 球盖菇科 Strophariaceae 球盖菇属 *Stropharia*

生物特征

　　子实体小型。菌盖直径 1 ～ 3 cm，边缘白色，中央黄色，不黏，平展或成箕形，边缘有白色环纹，被有粉末，非水浸状。菌肉白色，薄。菌褶浅棕色，密度稀，不等长，直生。菌柄长 2 ～ 5 cm，直径 0.2 ～ 1.0 cm，白色，肉质，空心，基部稍膨大。

生态环境

　　夏秋季于阔叶林腐木上散生或群生。

采集地点及编号

　　恩施市 ESXLS0094。

经济价值

　　尚不明确。

361. 木生球盖菇 *Stropharia lignicola* E.J. Tian

伞菌目 Agaricales 球盖菇科 Strophariaceae 球盖菇属 *Stropharia*

生物特征

子实体小型至中等大。菌盖直径 3 ~ 8 cm，边缘白色，中央黄色，不黏，平展，四周隆起，被具纤毛且密，非水浸状。菌肉白色，薄。菌褶棕色，密度密，弯生近离生，不等长。菌环位于中部，具条纹，单层，脱落。菌柄长 3.6 ~ 5.0 cm，直径 0.3 ~ 0.6 cm，圆柱形，下部弯曲，上细下粗，上部浅棕色，下部浅黄色，脆骨质，空心，基部稍膨大。菌托小型，袋状，不易消失。

生态环境

夏秋季于针叶林地上单生或散生。

采集地点及编号

恩施市 ESFES0075。

经济价值

尚不明确。

362. 超群紫盖牛肝菌 *Sutorius eximius* (Peck) Halling, M.Nuhn & Osmundson

牛肝菌目 Boletales 牛肝菌科 Boletaceae 异色牛肝菌属 *Sutorius*

生物特征

子实体中等或大型。菌盖直径 3 ~ 10 cm，半球形，后平展，暗紫红或暗紫色，稍被绒毛，光滑。菌肉暗灰褐色，厚。菌管弯生或近直生，在柄周围凹陷，管口圆柱形，与菌管同色，每毫米 2 ~ 3 个。菌柄长 4 ~ 12 cm，直径 0.5 ~ 1.5 cm，紫灰色、紫灰褐色或深栗褐色，实心，具暗紫褐色小鳞片或粗糙的颗粒，上下等粗。孢子印暗褐色。孢子带黄褐色，长椭圆形或近纺锤形。

生态环境

夏秋季于针阔混交林中地上单生或散生。

采集地点及编号

恩施市 ESBYP0048、ES1099、ESFHS12。

经济价值

有毒。

363. 黏盖乳牛肝菌 *Suillus bovinus* (Pers.) Roussel

牛肝菌目 Boletales 乳牛肝菌科 Suillaceae 黏盖牛肝菌属 *Suillus*

生物特征

子实体中等大至大型。菌盖直径 2.5～12.0 cm，半球形，后平展，边缘薄，初内卷后波状，土黄色、淡黄褐色，干后肉桂色，表面光滑，湿时很黏。菌肉淡黄色，较厚。菌管延生，不易与菌肉分离，淡黄褐色，密度密，多角形。管口复式，角形或常常放射状排列，常呈齿状。菌柄长 2～8 cm，直径 0.5～1.5 cm，圆柱形，光滑，通常上部比菌盖色浅，下部呈黄褐色。孢子印黄褐色。

生态环境

夏秋季于松林或其他针叶林中地上散生或群生。

采集地点及编号

恩施市 ESFHSQ09；建始县 JS0015；咸丰县 XFQLSH0003；宣恩县 XE018；来凤县 LF015、LF032。

经济价值

有毒。

364. 空柄乳牛肝菌 *Suillus cavipes* (Opat.) A.H. Sm. & Thiers

牛肝菌目 Boletales 乳牛肝菌科 Suillaceae 黏盖牛肝菌属 *Suillus*

生物特征

子实体中等大。菌盖直径 3 ~ 8 cm，边缘黄色，中央橙色，黏，平展，略为卷曲，边缘无条纹，非水浸状。菌肉白色，有腥味，伤变色为紫红色。菌管孔口约 1 mm，多角形，管面黄色，管里橙红色。菌柄长 4 ~ 8 cm，直径 0.8 ~ 2.0 cm，同菌盖色，棒槌形，肉质，实心，基部明显膨大。

生态环境

夏秋季于针阔混交林地上单生或散生。

采集地点及编号

巴东县 BD001。

经济价值

可食用。

365. 点柄乳牛肝菌 *Suillus granulatus* (L.) Roussel

牛肝菌目 Boletales 乳牛肝菌科 Suillaceae 黏盖牛肝菌属 *Suillus*

生物特征

子实体中等大。菌盖直径 5 ~ 10 cm，扁半球形或近扁平，淡黄色或黄褐色，很黏，干后有光泽。菌肉淡黄色，较厚。菌管直生或近延生，菌管多角形，黄色或深黄色。菌柄长 2.5 ~ 8.0 cm，直径 0.3 ~ 1.5 cm，淡黄褐色，腺点通常不超过柄长的一半或全柄有腺点。孢子长椭圆形，无色到淡黄色。

生态环境

夏秋季于针叶林地上散生、群生或丛生。

采集地点及编号

宣恩县 XEJY1205；恩施市 ES0055、ESBY0002、ESBY0005、ESBY0012、ESFHS07；利川市 LC144、LC115、LC06、LC116。

经济价值

有毒。

366. 滑皮乳牛肝 *Suillus huapi* N.K. Zeng, R. Xue & Zhi Q. Liang

牛肝菌目 Boletales 乳牛肝菌科 Suillaceae 黏盖牛肝菌属 *Suillus*

生物特征

子实体中等大。菌盖直径 5.7 ~ 8.0 cm，边缘白色，中央浅棕色，黏，似透镜形，边缘无条纹。菌肉白色，较厚，有特殊气味。菌管孔口 0.1 ~ 0.2 mm，多角形，黄色，分泌乳白色汁液。菌柄长 5 ~ 7 cm，直径 0.5 ~ 1.5 cm，浅黄色，肉质，实心，被有纤毛，基部有绒毛。

生态环境

夏秋季于混交林中地上散生或群生。

采集地点及编号

宣恩县 XEJY1206；恩施市 ES00013、ES1097。

经济价值

尚不明确。

367. 褐环乳牛肝菌 *Suillus luteus* (L.:Fr.) Gray

牛肝菌目 Boletales 乳牛肝菌科 Suillaceae 黏盖牛肝菌属 *Suillus*

生物特征

子实体中等大。菌盖宽 3 ~ 12 cm，幼时扁半球形，成熟后渐平展，表面黄褐色至深肉桂色，很黏，光滑，边缘完全圆，偶有内菌幕残片挂于其上。菌肉淡黄色，厚 0.5 ~ 0.8 cm。菌管长 0.3 ~ 0.4 cm，管面及管里均为菜花黄色，管孔多角形，蜂窝状排列，与柄接近处凹陷，直生，有的菌管下延为柄上部的网纹。菌柄圆柱形，长 3 ~ 8 cm，直径 0.6 ~ 2.0 cm，表面有红褐色小腺点，柄上部为菜花黄色，下部为浅褐红色，实心，肉质。菌环浅褐色，位于菌柄上部，膜质，薄。

生态环境

秋季于针阔混交林中地上散生或群生。

采集地点及编号

恩施市 ESFHSQ10、ESBY002；巴东县 BDJSH33。

经济价值

有毒。

368. 小果蚁巢伞 *Termitomyces microcarpus* (Berk.Broome) R. Heim

伞菌目 Agaricales 离褶伞科 Lyophyllaceae 蚁巢伞属 *Termitomyces*

生物特征

子实体小型。菌盖直径 1.0 ~ 2.5 cm，扁半球形至平展，白色至污白色，中央具有一颜色较深的圆钝凸起，边缘常反翘。菌肉白色，薄。菌褶离生，白色至淡粉红色，密度密，不等长。菌柄长 2 ~ 6 cm，直径 0.2 ~ 0.3 cm，假根近圆柱形，白色，空心，脆骨质。

生态环境

夏秋季于阔叶林林中地上单生或散生。

采集地点及编号

恩施市 ESFHS1054、ESFHS15。

经济价值

可食用。

369. 头花革菌 *Thelephora anthocephala* (Bull.) Fr.

革菌目 Thelephorales 革菌科 Thelephoraceae 革菌属 *Thelephora*

生物特征

子实体小型。丛生，直立，韧革质，分枝，高 2 ~ 6 cm，菌柄柱形，长 2 ~ 3 cm，直径 0.2 ~ 0.3 cm，有许多裂片，顶部棕灰色，呈撕裂状，平滑。孢子有瘤状疣，近球形。

生态环境

夏秋季于针阔混交林中地上丛生。

采集地点及编号

恩施市 ESBJ1225。

经济价值

尚不明确。

370. 橙黄革菌 *Thelephora aurantiotincta* Corner

革菌目 Thelephorales 革菌科 Thelephoraceae 革菌属 *Thelephora*

生物特征

子实体小型至中等大。菌盖边缘乳白色，中央橙黄色，不黏，半球形，分布有蜂窝状小孔，且凹陷，直径 2 ~ 5 cm。菌柄近乎无。

生态环境

夏秋季于混交林林中地上单生或散生。

采集地点及编号

利川市 LC106。

经济价值

可食用，可药用。

371. 齿贝拟栓菌 *Trametes cervina* (Schwein.)Bres.

多孔菌目 Polyporales 多孔菌科 Polyporaceae 栓孔菌属 *Trametes*

生物特征

子实体小型。一年生，无柄侧生。菌盖半圆表，呈贝壳状，或扇形，木栓质，厚 0.2 ～ 0.8 cm，常呈覆瓦状排列，米肉色至蛋壳色，无环带或有不明显棱纹，初期有细柔毛或短纤毛，后期渐变至近光滑。菌管一层，与菌肉同色或同质，壁薄，长 0.1 ～ 0.3 cm。管口多角形或不规则形，后期管口边缘管壁无色透明，无横隔，分枝少。孢子无色，光滑，长椭圆形至圆柱形。

生态环境

夏秋季于阔叶树的枯立木、倒木或木桩上丛生。

采集地点及编号

恩施市 ESFHSQJ1112-04。

经济价值

木腐菌。

372. 朱红密孔菌 *Trametes coccinea* (Fr.) Hai J. Li & S.H. He

多孔菌目 Polyporales 多孔菌科 Polyporaceae 栓孔菌属 *Trametes*

生物特征

　　子实体小型至中等大。菌盖长 2 ~ 8 cm，宽 2 ~ 6 cm，厚 0.5 ~ 1.0 cm，扁半圆形至肾形，基部较小，木栓质，橙色至红色，后期褪色，无环带。有微细绒毛至无毛，稍有皱纹。菌肉橙色，有明显的环纹，厚 0.3 ~ 0.6 cm，菌管管口红色，圆形，多角形，每毫米 2 ~ 3 个。菌柄极短或近乎无，长 0.2 ~ 0.5 cm，直径 0.2 ~ 0.4 cm，橙色至红色，实心，肉质。孢子圆柱形，光滑，无色。

生态环境

　　夏秋季于阔叶树枯木上单生、群生或叠生。

采集地点及编号

　　利川市 LC131、LC135。

经济价值

　　可药用。

373. 雅致栓孔菌 *Trametes elegans* (Spreng.) Fr.

多孔菌目 Polyporales 多孔菌科 Polyporaceae 栓孔菌属 *Trametes*

生物特征

子实体一年生，硬革质。菌盖半圆形，外伸可达 5 cm，宽可达 12 cm，中部厚可达 1.5 cm。表面白色至浅灰白色，基部具瘤状凸起。边缘锐，完整，与菌盖同色。孔口表面奶油色至浅黄色，多角形至迷宫状，放射状排列。菌柄几乎无，极短。

生态环境

夏秋季于针阔混交林中枯立木上散生或叠生。

采集地点及编号

巴东县 BDJSH03。

经济价值

可药用。

374. 毛栓孔菌 *Trametes hirsuta* (Wulf.: Fr.) Pilat

多孔菌目 Polyporales 多孔菌科 Polyporaceae 栓孔菌属 *Trametes*

生物特征

子实体小型。一年生，覆瓦状叠生，革质。菌盖半圆形或扇形，长 2 ~ 4 cm，宽 4 ~ 10 cm，中部厚 0.2 ~ 0.3 cm，表面乳白色至浅棕黄色，老熟部分常带青苔的青褐色，被硬毛和细微绒毛。

生态环境

夏秋季于针阔混交林中地上丛生。

采集地点及编号

恩施市 ESFHSQ1112–05、ESFHSQ1112–06、ES1035、ES00014；巴东县 BDJSH05。

经济价值

木腐菌。

375. 米梅栓菌 *Trametes mimetes* (Wakef.) Ryvarden

多孔菌目 Polyporales 多孔菌科 Polyporaceae 栓孔菌属 *Trametes*

生物特征

子实体小型。覆瓦状叠生，革质。菌盖半圆形、扇形或呈不规则图形，外伸 2 ~ 3 cm，宽 3 ~ 5 cm，中部厚 0.1 ~ 0.2 cm，表面乳白色至浅棕黄色，被硬毛和细微绒毛。

生态环境

夏秋季于阔叶林中枯立木上叠生或散生。

采集地点及编号

利川市 LC1175。

经济价值

尚不明确。

376. 血红栓孔菌 *Trametes sanguinea* (L. : Fr.) Lloyd

多孔菌目 Polyporales 多孔菌科 Polyporaceae 栓孔菌属 *Trametes*

生物特征

　　子实体小型至中等大。木栓质，无柄或近无柄，菌盖直径 3.5 ~ 8.5 cm，厚 0.2 ~ 0.4 cm，表面平滑或稍有细毛，初期血红色，后褪至苍白，往往呈现出深淡相间的环纹或环带。菌管与菌肉同色，一层，长 0.1 ~ 0.2 cm，管口细小，圆形，暗红色。

生态环境

　　夏秋季于林中枯立木上丛生或散生。

采集地点及编号

　　宣恩县 XEGL0213；恩施市 ES0099。

经济价值

　　可药用。

377. 漆柄小孔菌 *Trametes vernicipes* (Berk.) Zmitr., Wasser & Ezhov

多孔菌目 Polyporales 多孔菌科 Polyporaceae 栓孔菌属 *Trametes*

生物特征

子实体小型至中等大。菌盖直径 3 ~ 8 cm，厚 0.2 ~ 0.3 cm，扇形，黄白色、黄褐色至深栗褐色，有光泽，硬，革质，不黏，有辐射皱纹和环纹，边缘薄。菌管面近白色，每毫米 8 ~ 9 个孔口。菌柄长 0.2 ~ 1.0 cm，直径 0.2 ~ 0.4 cm，同菌盖色，平滑，基部着生处似吸盘状。孢子长椭圆形。

生态环境

夏秋季于阔叶树枯枝上群生或散生。

采集地点及编号

宣恩县 XEGL0210；鹤峰县 HF1140。

经济价值

木腐菌。

378. 云芝栓孔菌 *Trametes versicolor* (L.) Lloyd

多孔菌目 Polyporales 多孔菌科 Polyporaceae 栓孔菌属 *Trametes*

生物特征

　　子实体小型至中等大。一年生，革质至半纤维质，侧生无柄，常覆瓦状叠生。菌盖半圆形至贝壳形，长 1.2 ~ 6.5 cm，宽 1 ~ 4 cm，厚 0.1 ~ 0.3 cm，盖面幼时白色，渐变为深色，具密生细绒毛，长短不等，呈灰、白、褐、黑等色，并构成云纹状的同心环纹，盖缘薄而锐，波状，完整，淡色。管口面初期白色，渐变为黄褐色、赤褐色至淡灰黑色，管口圆形至多角形，后期开裂，菌管单层，白色，长 0.1 ~ 0.2 cm。菌肉白色，纤维质，干后纤维质至近革质。孢子圆筒状，稍弯曲。

生态环境

　　夏秋季于阔叶林树木桩、枝上丛生或散生。

采集地点及编号

　　来凤县 LF1190；恩施市 ES0096；利川市 LC0169、LC1176、LC0174、LC1162、LC1169、LC35。

经济价值

　　可药用。

379. 萨摩亚银耳 *Tremella samoensis* **Lloyd**

银耳目 Tremellales 银耳科 Tremellaceae 银耳属 *Tremella*

生物特征

子实体中等至较大。呈脑状或瓣裂状，基部着生于腐木上。新鲜时金黄色或橙黄色，干后坚硬，浸泡后可恢复原状。菌丝有锁状连合。担子圆形至卵圆形，纵裂为四个细胞。孢子近圆形、椭圆形。

生态环境

夏秋季于阔叶林腐木上丛生。

采集地点及编号

利川市 LC0163。

经济价值

可药用。

380. 冷杉附毛菌 *Trichaptum abietinum* (Dicks.) Ryvarden

锈革孔菌目 Hymenochaetales 锈革孔菌科 Hymenochaetaceae 附毛菌属 *Trichaptum*

生物特征

子实体小型至中等大。菌盖半圆形或贝壳形，宽 0.4 ~ 2.5 cm，长 0.8 ~ 4.0 cm，厚 0.1 ~ 0.2 cm，薄，革质，无柄，白色至灰色，有细软长毛及环纹，有时因有藻类附生呈绿色，边缘薄，波浪状至瓣裂，干后内卷。菌肉白色至灰色，膜质。菌管不规则，渐裂为齿状，往往带紫色。

生态环境

夏秋季于针叶林树的腐木上丛生。

采集地点及编号

恩施市 ESWCP00005、ES1014、ES1037。

经济价值

可药用，木材分解菌。

381. 灰环口蘑 *Tricholoma cingulatum* (Almfelt ex Fr.) Jacobashch

伞菌目 Agaricales 口蘑科 Tricholomataceae 口蘑属 *Tricholoma*

生物特征

子实体小型至中等大。菌盖直径 3 ~ 5 cm，扁半球形至平展，中央稍凸起，淡灰色，边缘近白色。菌肉白色，薄。菌褶弯生，不等长，密度密，白色至米色。菌柄长 4 ~ 7 cm，直径 3 ~ 8 mm，白色至污白色，有纤毛状鳞片，基部稍膨大而有时具白绒毛，内部松软。菌环中上位，白色，易消失，膜质。

生态环境

夏秋季于混交林地上单生或散生。

采集地点及编号

巴东县 BDJSH28。

经济价值

可食用。

382. 假硫色口蘑 *Tricholoma hemisulphureum* (Kuehner) A. Riva

伞菌目 Agaricales 口蘑科 Tricholomataceae 口蘑属 *Tricholoma*

生物特征

子实体小型。菌盖直径 1.5 ~ 5.5 cm，中凸至平展，成熟后中部微凸，表面干燥，不黏，粗糙，灰色至浅棕色，中部颜色深，边缘光滑。菌肉白色，薄，无伤变色。菌褶直生近弯生，密度密，不等长，污白色。菌柄长 3 ~ 8 cm，直径 0.3 ~ 0.8 cm，白色至污白色，纤维质，实心。

生态环境

夏秋季于混交林地上散生或群生。

采集地点及编号

利川市 LC0003。

经济价值

尚不明确。

383. 口蘑属中的一种 *Tricholoma sinoacerbum* T.H. Li, Iqbal Hosen & Ting Li

伞菌目 Agaricales 口蘑科 Tricholomataceae 口蘑属 *Tricholoma*

生物特征

　　子实体小型至中等大。菌盖直径 3 ~ 7 cm，中凸至平展，表面干燥，不黏，灰色至浅棕色，中部颜色深，边缘无条纹。菌肉白色，薄，无伤变色，气味清香。菌褶直生近离生，密度密，不等长，污白色。菌柄长 3.5 ~ 8.5 cm，直径 0.5 ~ 2.0 cm，白色至浅黄色，肉质，空心，圆柱形，基部稍膨大。

生态环境

　　夏秋季于针阔混交林地上单生或散生。

采集地点及编号

　　利川市 LC174。

经济价值

　　尚不明确。

384. 黄拟口蘑 *Tricholomopsis decora* (Fr.) Singer

伞菌目 Agaricales 黄侧耳科 Phyllotopsidaceae 拟口蘑属 *Tricholomopsis*

生物特征

子实体小型至中等大。黄色，菌盖直径2～6 cm，初期半球形，成熟后扁平，中部下凹，边缘内卷，黄色，密布褐色小鳞片，中部黑褐色。菌肉黄色，薄，无伤变色。菌褶黄色，密度密，直生又延生变至近离生，不等长，褶缘絮状。菌柄长4～7 cm，直径0.3～0.7 cm，污黄色至带褐黄色，具细小鳞片。孢子印白色。孢子无色，宽椭圆形至卵圆形。

生态环境

夏秋季于针阔混交林的腐木上群生、丛生或单生。

采集地点及编号

利川市 LC1167。

经济价值

有毒。

385. 小火焰拟口蘑 *Tricholomopsis flammula* Metrod ex Holec

伞菌目 Agaricales 黄侧耳科 Phyllotopsidaceae 拟口蘑属 *Tricholomopsis*

生物特征

子实体小型。菌盖直径 0.5 ~ 1.5 cm，初期凸镜形，边缘内卷，覆盖有短柔毛，后期平展，有时中央略微下凹且带有平凸形的中心，边缘变薄，亮黄色的菌盖表面覆盖着短小而脆的鳞片，菌盖中央颜色更深，亮酒红色至紫红色。菌肉浅黄色至暗黄色，气味淡，薄，无伤变色。菌褶弯生近直生，柠檬黄，密度密，不等长。菌柄圆柱形，下部稍弯曲，长 2.5 ~ 6.5 cm，直径 0.3 ~ 0.5 cm，浅黄色至暗黄色。

生态环境

夏秋季于针叶树腐木上单生或散生。

采集地点及编号

恩施市 ES0185。

经济价值

尚不明确。

386. 赭红拟口蘑 *Tricholomopsis rutilans* (Schaeff.) Singer

伞菌目 Agaricales 黄侧耳科 Phyllotopsidaceae 拟口蘑属 *Tricholomopsis*

生物特征

子实体中等大至大型。菌盖凸镜形至平展形，直径 4 ~ 15 cm，有短绒毛组成的鳞片，浅砖红色或紫红色、褐紫红色。菌肉白色带黄，较厚，有特殊气味。菌褶弯生近直生，淡黄色，密度密，不等长，褶缘锯齿状。菌柄圆柱形，长 4 ~ 12 cm，直径 0.5 ~ 1.5 cm，上部黄色下部暗具红褐色或紫红褐色小鳞片，内部松软后变空心，基部稍膨大。

生态环境

夏秋季于针叶树腐木上或腐木桩上群生或成丛生长。

采集地点及编号

鹤峰县 HF0107；恩施市 ES0174、ES1033、ES00032、ES1013、ES0071、ES1072、ES0073。

经济价值

有毒。

387. 赭白畸孢孔菌 *Truncospora ochroleuca* (Berk.) Pilat

多孔菌目 Polyporales 多孔菌科 Polyporaceae 截孢孔菌属 *Truncospora*

生物特征

子实体小型。菌盖直径 1.0 ~ 3.5 cm，黄色至深黄色，半球形至耳形，粗糙，革质，具有环纹。菌肉白色，厚。菌管多角形，白色至淡黄色，密度密。菌柄无。

生态环境

夏秋季于枯木上散生或群生。

采集地点及编号

恩施市 ES002。

经济价值

有毒。

388. 新苦粉孢牛肝菌 *Tylopilus neofelleus* Hongo

牛肝菌目 Boletales 牛肝菌科 Boletaceae 粉孢牛肝菌属 *Tylopilus*

生物特征

子实体中等大至大型。菌盖半弧形，后期平展，直径 5 ~ 15 cm，橄榄褐色、深咖啡褐色。菌肉白色，伤后不变色，厚。菌管贴生，初白色，后呈酒褐色、黄酒色，菌管长 0.6 ~ 1.0 cm，管孔径 0.1 ~ 0.2 cm，近柄处管孔变狭长形。菌柄圆柱形或棒槌状，长 5 ~ 10 cm，直径 0.8 ~ 2.0 cm，色泽与菌盖一致，并有网络纹饰，实心，肉质，基部明显膨大。孢子长椭圆形、长杏仁形。

生态环境

夏秋季于针叶林地上散生或群生。

采集地点及编号

恩施市 ESBJ1007、ESWY0019、ESWY0020；利川市 LC164。

经济价值

有毒。

389. 薄皮干酪菌 *Tyromyces chioneus* (Fr.) P. Karst.

多孔菌目 Polyporales 干皮菌科 Incrustoporiaceae 干酪菌属 *Tyromyces*

生物特征

　　子实体小型。一年生，肉质至革质菌盖扇形，外伸 2 ~ 4 cm，宽 3 ~ 6 cm，基部厚 0.1 ~
0.2 cm，表面新鲜时淡灰褐色，边缘锐，白色。孔口表面奶油色至淡褐色，圆形，边缘薄，全缘。
不育边缘几乎无。菌肉新鲜时乳白色，厚 1.0 ~ 1.5 cm。菌管乳黄色，管口圆形。孢子圆柱形至腊肠形。

生态环境

　　夏秋季于阔叶树枯枝上散生或丛生。

采集地点及编号

　　利川市 LC0008；宣恩县 XE1208；恩施市 ES1002；咸丰县 XFPBYJQ0004、XFPBYJQ0007。

经济价值

　　可药用。

390. 硫黄干酪菌 *Tyromyces kmetii* (Bres.) Bondartsev & Singer

多孔菌目 Polyporales 干皮菌科 Incrustoporiaceae 干酪菌属 *Tyromyces*

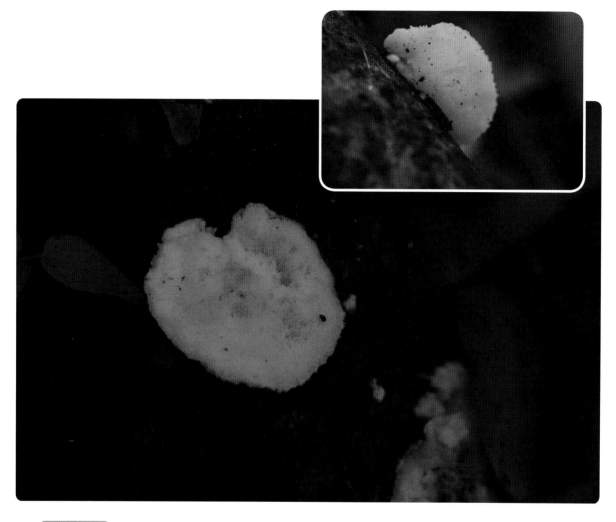

生物特征

子实体中等大。无柄，菌盖呈半球形，剖面观呈扁半球形，直径 2 ~ 6 cm，厚 0.2 ~ 1.2 cm，白色，干后淡褐色至带红色，表面凹凸不平或有皱纹和平伏绒毛，无环带，老后近光滑，干后边缘内卷。菌肉白色，肉质，软而多汁，干后变硬，呈蛋壳色至浅蛋壳色，有明显环纹。菌管白色，长 0.5 ~ 1.0 cm，管口多角形，白色后变淡褐色，干后或伤后有粉红色斑点，管壁薄。担子短，棒状。

生态环境

夏秋季于阔叶林树干上、倒木或原木上散生或群生。

采集地点及编号

恩施市 ESBJ0004。

经济价值

木腐菌。

391. 白蜡多年卧孔菌 *Vanderbylia fraxinea* (Bull.) Ryvarden

多孔菌目 Polyporales 多孔菌科 Polyporaceae 万氏寄生革菌属 *Vanderbylia*

生物特征

子实体小型至中等大。无柄，菌盖呈耳形，边缘白色，中央灰黄色，直径 2～5 cm，白色，表面有平伏绒毛，有环带，干后边缘内卷，不黏，非水浸状。菌肉浅棕色，肉质。菌管管里浅棕色，管面白色，孔口直径约 0.05 mm，管口多角形，管壁薄。

生态环境

夏秋季于竹子、腐木上散生或群生。

采集地点及编号

来凤县 LF019。

经济价值

木腐菌。

392. 银丝草菇 *Volvariella bombycina* (Schaeff.) Singer

伞菌目 Agaricales 光柄菇科 Pluteaceae 草菇属 *Volvariella*

生物特征

　　子实体中等至较大。菌盖直径 3 ~ 7 cm，近半球形、钟形至稍平展，白色至稍带鹅毛黄色，具银丝状柔毛，往往菌盖表皮的边缘延伸且超过菌褶。菌肉白色，较薄。菌褶初期白色后变粉红色或肉红色，密度密，离生，不等长。菌柄近圆柱形，长 4 ~ 10 cm，直径 0.5 ~ 1.5 cm，白色，光滑，实心，稍弯曲。菌托大而厚，呈苞状，污白色或带浅褐色，具裂纹或绒毛状鳞片。孢子印粉红色。孢子近无色，宽椭圆形至卵圆形。

生态环境

　　夏秋季于阔叶树腐木上单生或群生。

采集地点及编号

　　恩施市 ESFHS1052。

经济价值

　　可食用。

393. 绒盖条孢牛肝菌 *Xerocomus subtomentosus* (Fr.)Quél.

牛肝菌目 Boletales 牛肝菌科 Boletaceae 绒盖牛肝菌属 *Xerocomus*

生物特征

子实体中等至较大。菌盖直径 3 ~ 8 cm，扁半球形至近扁平，黄褐色、土黄色或深土褐色，老后呈猪肝色，不黏，被绒毛。菌肉淡白色至带黄色，伤不变色。菌管黄绿色或淡硫黄色，直生，有时近延生。管口同色，多角形。菌柄长 3 ~ 8 cm，直径 0.5 ~ 0.8 cm，上下略等粗或趋向基部渐粗，无网纹，但顶部有时有不显著的网纹，实心，淡黄色或淡黄褐色。孢子印黄褐色。孢子椭圆形或近纺锤形。

生态环境

夏秋季于阔叶林中地上单生或散生。

采集地点及编号

恩施市 ESWCP1003。

经济价值

可食用。

394. 砖红绒盖牛肝菌 *Xerocomus spadiceus* (Schaeff. ex Fr.) Quél.

牛肝菌目 Boletales 牛肝菌科 Boletaceae 绒盖牛肝菌属 *Xerocomus*

生物特征

实体中等至大型。菌盖直径 8 ~ 19 cm，半球形至扁平，土红色或砖红色，被绒毛，有时龟裂。菌肉淡白色或黄白色，伤后变蓝色，厚达 2 cm。菌管初淡黄色，后呈暗黄色，伤后变蓝色，直生至延生。管口同色，角形，宽 0.5 ~ 2.0 mm，复式。菌柄长 6 ~ 11 cm，直径 2.5 ~ 5.5 cm，上下略等粗或基部稍膨大，深玫瑰红色或暗紫红色，顶端有网纹，下部被绒毛，内实。

生态环境

夏秋季于阔叶林中地上单生或散生。

采集地点及编号

利川市 LC158。

经济价值

可食用。

395. 细脚虫草 *Cordyceps tenuipes* (Peck) Kepler, B. Shrestha & Spatafora

肉座菌目 Hypocreales 虫草菌科 Cordycipitaceae 虫草属 *Cordyceps*

生物特征

子实体小型至中等大。虫体被灰白色或白色菌丝包被，孢梗束高 1.5 ~ 3.0 cm，常有分枝，孢梗束柄纤细，黄白色、浅青黄色，部分偶带淡褐色，光滑，上部多分枝，白色，粉末状。

生态环境

夏秋季于林中地上群生或近丛生。

采集地点及编号

利川市 LC1174。

经济价值

可食用（珍稀食用菌）。

396. 蔡氏轮层炭壳菌 *Daldinia childiae* J.D. Rogers & Y.M.Ju

炭角菌目 Xylariales 炭角菌科 Xylariaceae 轮层炭菌属 *Daldinia*

生物特征

　　子实体小型。子座球形或半球形，无柄或有短柄，子座宽 1.5 ~ 4.5 cm，单生或聚生于基物表面，外表灰色，近光滑至有细小疣突。外表木炭质，色浅而密，呈同心环带状。

生态环境

　　夏秋季于阔叶林中的伐桩或立木干基部朽木上。

采集地点及编号

　　咸丰县 XFSDX10004。

经济价值

　　尚不明确。

397. 橙红二头孢盘菌 *Dicephalospora rufocornea* (Berk.& Broome) Spooner

柔膜菌目 Helotiales 柔膜菌科 Helotiaceae 双头孢菌属 *Dicephalospora*

生物特征

子实体小型。子囊盘浅盘状，有短柄，直径 0.1 ~ 0.3 cm，高 0.4 ~ 0.6 cm，子实层橘黄色、橘红色或者污黄色，干后深橘黄色、淡橘黄至淡黄色、靠近柄部色淡，柄上部淡黄色、奶油色或白色，基部暗色至黑色。

生态环境

夏秋季于树枝、树根上群生。

采集地点及编号

咸丰县 XF00020。

经济价值

分解纤维素。

398. 皱纹马鞍菌 *Helvella rugosa* Q. Zhao & K.D. Hyde

盘菌目 Pezizales 马鞍菌科 Helvellaceae 马鞍菌属 *Helvella*

生物特征

子囊盘小型。直径 1.5 ~ 2.5 cm，马鞍形，黑色，表面光滑。菌柄长 3.5 ~ 7.5 cm，直径 0.2 ~ 0.6 cm，灰色至白色，扁形，实心，硬。

生态环境

夏秋季于林中地上单生或散生。

采集地点及编号

咸丰县 XFPBYJQ0006。

经济价值

尚不明确。

399. 绒马鞍菌 *Helvella tomentosa* Raddi

盘菌目 Pezizales 马鞍菌科 Helvellaceae 马鞍菌属 *Helvella*

生物特征

子实体小型。灰色，菌盖直径 2 ~ 3 cm，平展，中央凹陷，不黏，非水浸状。菌肉白色，厚。菌管灰白色，多角形。菌柄长 3.1 ~ 5.0 cm，直径 0.2 ~ 0.4 cm，空心，肉质，覆着有白色突刺，基部稍膨大。

生态环境

夏秋季于阔叶林中地上单生或散生。

采集地点及编号

恩施市 ESTPS1026。

经济价值

尚不明确。

400. 黄瘤孢菌 *Hypomyces chrysospermus* (Bull) Fr.

肉座菌目 Hypocreales 肉座菌科 Hypocreaceae 菌寄生属 *Hypomyces*

生物特征

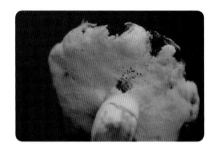

菌丝分枝，有横隔，近透明无色，匍匐着生。分生孢子梗顶生，孢梗短，多分枝。分生孢子生于孢子梗短枝的顶端，球形，金黄色，壁有瘤突，寄生于牛肝菌、伞菌及多孔菌类的子实体上，孢子密布于寄主外表，呈橘黄色。

生态环境

夏秋季于阴雨连绵的季节生长。

采集地点及编号

宣恩县 XESDG1218；恩施市 ESFHS10。

经济价值

可药用。

401. 皮壳软盘菌 *Hyphodiscus incrustatus* (Ellis) Raitv.

柔膜菌目 Helotiales 科 Hyphodiscaceae 属 *Hyphodiscus*

生物特征

子实体一般小型至中等大。菌盖直径 3 ~ 5 cm，厚约 0.2 cm，深绿色，不黏，耳形，边缘有多条环纹，非水浸状。菌肉棕色。菌管棕色，管口多角形，管里白色。菌柄几乎没有。

生态环境

夏秋季于针叶林腐木、樱桃树等上丛生或散生。

采集地点及编号

恩施市 ESTPS1021；利川市 LC130。

经济价值

尚不明确。

402. 大蝉草 *Isaria cicadae* Miq.

肉座菌目 Hypocreales 虫草菌科 Cordycipitaceae 虫草属 *Cordyceps*

生物特征

子囊壳埋生在子囊座内，孔口稍凸出，呈长卵形。被寄生的虫体头长出 1 ~ 2 个树状子座，分枝或不分枝，长 3 ~ 7 cm，宽 0.3 ~ 0.4 cm，干燥后呈乳白色，顶端稍膨大，表面有粉状分生孢子粉。

生态环境

寄生于虫蛹，并埋生于森林中的土壤下。

采集地点及编号

宣恩县 XESDG1220；来凤县 LF1189；恩施市 ES1006。

经济价值

可药用。

403. 下垂线虫草 *Ophiocordyceps nutans* (Pat.)G.H. Sung et al.

肉座菌目 Hypocreales 线虫草科 Ophiocordycipitaceae 线虫草属 Ophiocordyceps

生物特征

子实体子座 1 ~ 2 个（罕见 3 个），从虫体胸部长出，长 8 ~ 18 cm。柄多弯曲，粗 0.1 ~ 0.2 cm，或更细，黑色，上部与头部同色。头部梭形至短圆柱形，红色，成熟后变橙色，老后退为黄色。子囊壳全埋于子座内，狭卵形。

生态环境

夏秋季于阔叶林内的落叶层上或生于半翅目的成虫上。

采集地点及编号

恩施市 ES0182、ES1008。

经济价值

可药用。

404. 淡蓝盘菌 *Peziza saniosa* Schrad.

盘菌目 Pezizales 盘菌科 Pezizaceae 盘菌属 *Peziza*

生物特征

子囊盘较小，直径 0.8 ~ 3.0 cm，浅盘形或碗形，子实层里面淡褐色，外面灰色，光滑，无菌柄，碗口形状不规则，稍内卷。

生态环境

夏秋季于阔叶腐木上单生或散生。

采集地点及编号

利川市 LC0164。

经济价值

尚不明确。

405. 米勒红盘菌 *Plectania milleri* Paden & Tylutki

盘菌目 Pezizales 肉盘菌科 Sarcosomataceae 暗盘菌属 *Plectania*

生物特征

子实体小型。子囊盘直径 0.5 ~ 1.8 cm，碗状，外侧橙色，内侧灰褐色至暗蓝色，几乎无柄或有柄，柄长 0.3 ~ 0.5 cm，直径 0.1 ~ 0.2 cm，同菌盖色。边缘稍内卷，外侧被有橙色绒毛。

生态环境

夏秋季于针叶林林地腐木上群生或散生。

采集地点及编号

咸丰县 XFZJH1013。

经济价值

尚不明确。

406. 小红肉杯菌 *Sarcoscypha occidentalis* (Schw.) Sacc.

盘菌目 Pezizales 肉杯菌科 Sarcoscyphaceae 肉杯菌属 *Sarcoscypha*

生物特征

　　子囊盘小。初期至后期呈漏斗状，直径 0.5 ~ 2.5 cm。子实层面橘黄至鲜红色，外侧面白色，并有极细的绒毛。菌柄白色，有时偏生，有绒毛，长 0.5 ~ 1.5 cm，直径 0.2 ~ 0.3 cm，实心，质硬。子囊圆柱形，向基部渐变细，孢子 8 个，单行排列。孢子椭圆形，无色。

生态环境

　　夏秋季于针阔混交林中倒腐木上单生或散生。

采集地点及编号

　　利川市 LC0155。

经济价值

　　分解纤维素。

407. 黑牛皮叶 *Sticta fuliginosa* Dicks.

地卷目 Peltigerales 肺衣科 Lobariaceae 牛皮叶属 *Sticta*

生物特征

　　子实体小型。菌盖黑色，不黏，不规则耳形，直径 4.5 ～ 7.0 cm，革质，非水浸状。菌肉白色，薄。菌管外部白色，里面黑色，多角形。菌柄近乎无。

生态环境

　　夏秋季于阔叶林树干上丛生。

采集地点及编号

　　利川市 LC0158。

经济价值

　　尚不明确。

408. 光滑薄毛盘菌 *Tricharina glabra* (Pezizales)

盘菌目 Pezizales 火丝菌科 Pyronemataceae 薄毛盘菌属 *Tricharina*

生物特征

子实体小型。菌盖杯形，杯内乳白色，不平整，底部凸起，杯外淡黄色，菌柄极短，柄部被有褐色颗粒物。

生态环境

夏秋季于混交林地上散生或群生。

采集地点及编号

恩施市 ESTPS1024。

经济价值

尚不明确。

409. 美洲丛耳菌 *Wynnea americana* Thaxt.

盘菌目 Pezizales 丛耳科 Wynneaceae 丛耳菌属 *Wynnea*

生物特征

　　子囊盘一般中等大。由多数耸立的兔耳状子囊盘组成，直径 2～8 cm，高 5～12 cm。子囊盘边缘向内稍卷，厚，外表面黑褐色，内侧粉肉色，由共同的基部组织。其下有菌核组织，呈球形或块状，直径 3.5～5.0 cm。孢子近似椭圆形，无色至浅褐色。

生态环境

　　夏秋季于针阔混交林中地上群生或丛生。

采集地点及编号

　　咸丰县 XFPBY10014；宣恩县 XE27。

经济价值

　　有毒。

410. 古巴炭角菌 *Xylaria cubensis* (Mont) Fr.

炭角菌目 Xylariales 炭角菌科 Xylariaceae 碳角菌属 *Xylaria*

生物特征

子囊体小型。子座高 1 ~ 4 cm，不分枝，棒形，顶端圆钝可育，表面铜褐色至褐黑色，内部白色。子囊壳卵球形，孔口不明显至明显。子囊孢子椭圆形，褐色至黑褐色。

生态环境

夏秋季于阔叶树腐枝上散生。

采集地点及编号

利川市 LC0162。

经济价值

尚不明确。

411. 团炭角菌 *Xylaria hypoxylon* (L.)Grev

炭角菌目 Xylariales 炭角菌科 Xylariaceae 碳角菌属 *Xylaria*

生物特征

子座单生或丛生。高 2 ~ 5 cm，初近圆柱形，后变平，分枝成鹿角状，上半部的分枝被白色粉状物，成熟后顶端尖部黑色。柄黑色，有绒毛。孢子黑色，菜豆形。

生态环境

夏秋季于阔叶林中腐木上散生或群生。

采集地点及编号

恩施市 ES0175。

经济价值

可药用。

412. 斯氏炭角菌 *Xylaria schweinitzii* Berk. & M.A. Curtis

炭角菌目 Xylariales 炭角菌科 Xylariaceae 碳角菌属 *Xylaria*

生物特征

子座有柄。椭圆形到棍棒状，长 2 ~ 5 cm，宽 0.5 ~ 0.8 cm，表面光滑，深褐色至黑色，具皱纹，内部白色。孢子椭圆形，顶端变细，深褐色。

生态环境

夏秋季于阔叶林腐木上散生或群生。

采集地点及编号

鹤峰县 HF1110。

经济价值

尚不明确。

413. 地生炭角菌 *Xylaria terricola* Y.M. Ju, H.M. Hsieh & W.N. Chou

炭角菌目 Xylariales 炭角菌科 Xylariaceae 碳角菌属 *Xylaria*

生物特征

子座有柄。花状，长 2 ~ 6 cm，宽 1 ~ 2 cm，雪白色至灰白色，轻轻触动即有灰状物飘落。菌柄呈圆柱形或顶端开叉或分支，黑色，实心，纤维质基部稍膨大。

生态环境

夏秋季于混交林地上单生或散生。

采集地点及编号

恩施市 ESBJ016；来凤县 LF031。

经济价值

可药用。

414. 绵阳炭角菌 *Xylaria mianyangensis* Y.M.Ju,H.M.Hsieh & X.S.He

炭角菌目 Xylariales 炭角菌科 Xylariaceae 碳角菌属 *Xylaria*

生物特征

子座有柄，群生。椭圆形到棍棒状，长 1.5 ~ 4.0 cm，宽 0.2 ~ 0.5 cm，表面有微小凸起，深褐色至黑色，有皱纹，柄长 0.5 ~ 0.7 cm，直径 0.1 ~ 0.2 cm，质硬，实心，圆柱形，淡褐色。

生态环境

夏秋季于林中地上单生或散生。

采集地点及编号

恩施市 ESBYP1046。

经济价值

可药用。

415. 暗红团网菌 *Arcyria denudata* (L.) Wettst.

团毛菌目 Trichiales 团网菌科 Arcyriaceae 团网菌属 *Arcyria*

生物特征

复孢囊散生或密群生，有时柄相融联成束，长棒状近圆柱形或卵圆形，有时近球形，高 1.5 ～ 2.0 mm，暗红或褐红色，囊被早脱落，有时残存于伸展后的孢网上。杯托小，同色或略深，外侧有槽，内侧有微小凸起，柄细，柄短同色，基质层膜质成片，孢丝与孢囊同色，连着牢固，网线密，弹性很强，有大刺。孢子成堆，与孢囊同色，光学显微镜下浅红色，球形。

生态环境

夏秋季于针阔混交林中树皮上散生或群生。

采集地点及编号

恩施市 ES3180059。

经济价值

尚不明确。

416. 小粉瘤菌 *Lycogala exiguum* Morga

无丝菌目 Reticulariales 筒菌科 Reticulariaceae 粉瘤菌属 *Lycogala*

生物特征

复囊体散生或群生，近球形，小，直径 0.5 ~ 10.0 mm，一般暗色，近于黑色，皮层黄褐色，有一层密疣鳞，暗色、紫黑色或黑色，起初垫状，内容均一，后变为扁平多室状，像细网格，从顶上开裂，不规则，假孢丝为无色或黄色的分枝管体，从皮层内侧伸出，基部常光滑，其余部分粗糙，有横褶皱。孢子成堆时粉红赭色，光学显微镜下近无色，隐约有不完整的网纹或不规整的线条和疣点，有时近光滑。

生态环境

夏秋季于针阔混交林中腐木上散生或群生。

采集地点及编号

恩施市 ES3180054。

经济价值

尚不明确。

417. 长发网菌 *Stemonaria longa* (Peck) Nann.–Bremek., Y. Yamam. & R. Sharma

发网菌目 Stemonitidales 发网菌科 Stemonitaceae 发网菌丝属 *Stemonaria*

生物特征

复孢囊长 1.0 ~ 3.5 cm，细长圆柱形，较细弱，顶钝圆，有柄，大多数倒挂或下垂，黑褐色。菌柄较短，黑色，具光泽。基质层膜质，黑褐色，发亮。囊轴可达囊顶，较细弱，黑褐色。孢丝稀疏，大多数二分叉成锐角，近囊轴处有少数分枝联结。

生态环境

夏秋季于针阔混交林中枯立木上群生。

采集地点及编号

利川市 LC1163。

经济价值

尚不明确。

参考文献

[1] 牟曼 . 师宗县菌子山大型真菌物种多样性初步调查 [D]. 昆明：昆明医科大学，2021.

[2] 赵长林 . 干酪菌属和拟蜡孔菌属真菌的分类与系统发育研究 [D]. 北京：北京林业大学，2016.

[3] 邓树方 . 中国南方裸脚伞属分类暨小皮伞科真菌资源初步研究 [D]. 广州：华南农业大学，2016.

[4] 吴芳，王向华，秦位强，等 . 中国热带和亚热带地区乳菇属的5个新种及1个新记录种[J]. 菌物学报，
2022，41（8）：20.

[5] 金宇昌 . 黑龙江省丰林自然保护区大型真菌多样性研究 [D]. 长春：吉林农业大学，2011.

[6] 王振，王向华，秦位强，等 . 黄美乳菇（红菇目，红菇科），中国首个乳菇属变红乳菇亚属中乳
汁变黄的物种（英文）[J]. 菌物学报，2021，40（7）：14.

[7] 刘旭东 . 中国野生大型真菌彩色图鉴 [M]. 北京：中国林业出版社，2002.

[8] 卯晓岚 . 毒蘑菇识别 [J]. 北京：中国科学院微生物研究所，1987.

[9] 卯晓岚 . 中国大型真菌 [J]. 北京：中国科学院微生物研究所，2000.

[10] 罗信昌 . 中国菇业大典 [M]. 北京：清华大学出版社，2010.

[11] 吴兴亮 . 贵州大型真菌 [M]. 贵阳：贵州人民出版社，1989.

[12] 李玉 . 中国大型菌物资源图鉴 [M]. 北京：中国农业出版社，2015.

[13] 李玉 . 菌物资源学 [M]. 北京：中国农业出版社，2013.

[14] 黄年来 . 中国大型真菌原色图鉴 [M]. 北京：农业出版社，1998.

[15] J.H. 伯内特 . 真菌学基础 [M]. 北京：科学出版社，1989.

[16] 邓叔群 . 中国的真菌 [M]. 北京：科学出版社，1963.

[17] 吴兴亮 . 中国药用真菌 [M]. 北京：科学出版社，2013.

[18] 佚名 . 中国梵净山大型真菌 [M]. 北京：科学出版社，2014.

[19] 戴玉成，图力古尔 . 中国东北野生食药用真菌图志 [M]. 北京：科学出版社，2007.

[20] 刘旭东 . 中国野生大型真菌彩色图鉴 ② 小兴安岭宝贵资源 [M]. 北京：中国林业出版社，2004.

[21] 陈启武，夏群香，马立安，等 . 湖北省大型真菌调查：担子菌亚门真菌名录（Ⅱ）[J]. 湖北农学
院学报，2002.

[22] 陈启武 . 湖北省大型真菌调查：子囊菌亚门真菌名录 [J]. 湖北农学院学报，1998，18（4）：3.

[23] 陈作红，张平 . 湖南大型真菌图鉴 [M]. 长沙：湖南师范大学出版社，2019.

[24] 赵瑞琳，季必浩 . 浙江景宁大型真菌图鉴 [M]. 北京：科学出版社，2021.

[25] 吴兴亮 . 中国茂兰大型真菌 [M]. 北京：科学出版社，2017.

[26] 陈作红，杨祝良，图力古尔，等 . 毒蘑菇识别与中毒防治 [M]. 北京：科学出版社，2016.

[27] 杨祝良 . 中国西南地区常见食用菌和毒菌 [M]. 北京：科学出版社，2021.

[28] 潘保华 . 山西大型真菌野生资源图鉴 [M]. 北京：科学技术文献出版社，2018.

[29] 吴兴亮 . 中国广西大型真菌 [M]. 北京：中国林业出版社，2021.

[30] 戴玉成，图力古尔 . 中国东北野生食药用真菌图志 [M]. 北京：科学出版社，2007.

[31] 戴玉成 . 中国药用真菌图志 [M]. 哈尔滨：东北林业大学出版社，2013.

[32] 康曼 . 2 株野生蘑菇的分类鉴定，驯化栽培及固态发酵研究 [D]. 太原：山西大学，2017.

[33] 邓春英 . 中国南方小皮伞属分类研究 [D]. 广州：中国科学院华南植物园，2008.

[34] 田先娇 . 保山市隆阳区野生菌资源调查和利用 [J]. 德宏师范高等专科学校学报，2015，24
（3）：5.

[35] 李超 . 承德及周边地区野生菌采集鉴定及生物学活性分析 [D]. 邯郸：河北工程大学，2020.

[36] 张家辉，杨蕊，饶东升，等 . 重庆大巴山国家级自然保护区大型真菌区系特征研究 [J]. 西南大学
学报：自然科学版，2014，6：12.

[37] 谭河林，向小娥 . 初夏格西沟自然保护区菌类资源调查研究 I：大型菌类的鉴定与分布 [J]. 现代
生物医学进展，2005，5（4）：20-21.

[38] 陈淑荣，栾玲玲 . 大型真菌标本的采集与保存 [J]. 克山师专学报，2003（3）：5-6.

[39] 陈光富 . 大型真菌担孢子形态观察常用方法简述 [J]. 园艺与种苗，2019，39（3）：3.

[40] 饶俊，李玉 . 大型真菌的野外调查方法 [J]. 生物学通报，2012，47（5）：5.

[41] 王锋尖 . 鄂西地区大型真菌多样性研究 [D]. 长春：吉林农业大学，2019.

[42] 易筑刚，陈春旭，陈华，等 . 贵州两种乳菇的鉴定及同源性分析 [J]. 2021，36（7）：766-770.

[43] 张进武 . 黑龙江省伊春地区大型真菌资源初步研究 [D]. 长春：吉林农业大学 .2016.

[44] 廖正乾，夏永刚 . 湖南大型真菌资源调查研究 [J]. 现代农业科技，2009（3）：17-19.

[45] 申曼曼 . 湖南壶瓶山国家级自然保护区大型真菌资源调查 [D]. 长沙：湖南农业大学，2013.

[46] 张明，李泰辉 . 华南牛肝菌科研究新进展 [C]// 多彩菌物　美丽中国：中国菌物学会 2019 年学术
年会论文摘要 . 2019.

[47] 张俊波 . 江西部分地区大型真菌资源调查与系统学研究 [D]. 南昌：江西农业大学，2018.

[48] 郭志坤，崔洪波 . 蛟河市主要野生食用菌资源调查 [J]. 中国林副特产，2016（3）：85-86.

[49] 刘艳，祝友朋，韩长志 . 昆明地区野生食用菌资源调查及鉴定 [C]// 中国植物病理学会 2019 年学
术年会论文集 [M]. 北京：中国农业科学技术出版社，2019.

[50] 赵琪，张颖，袁理春，等 . 丽江市大型真菌资源及评价 [J]. 西南农业学报，2006，19（6）：5.

[51] 王小军，武紫娟 . 凉山州林区野生菌资源保护性开发初探 [J]. 特种经济动植，2018，21
（9）：2.

[52] 杨艳，邵瑞飞，陈国兵 . 蘑菇中毒机制研究进展 [J]. 临床急诊杂志，2020，21（8）：4.

[53] 屈萍萍 . 天佛指山国家级自然保护区大型真菌分类研究 [D]. 长春：吉林农业大学，2011.

[54] 刘旭东 . 小兴安岭的真菌资源 [J]. 中国林副特产，1993（2）：1.

[55] 张强，江南，吴永贵 . 野生菌研究现状概述 [J]. 中国民族民间医药，2015，24（14）：3.

[56] 王晶 . 云南可食红菇的分类学研究 [D]. 长春：吉林农业大学，2019.

[57] 余霞，杨丹玲，陈进会，等 . 真菌的分类现状及鉴定方法 [C]//. 中国植物病理学会 2008 年学术
年会论文集 [M]. 北京：中国农业科学技术出版社，2008.

[58] 李博，孙丽华.中国大型真菌野外采集及分类研究分析方法简述 [J]. 绿色科技，2016（18）：6.

[59] 图力古尔，包海鹰，李玉.中国毒蘑菇名录 [J]. 菌物学报，2014，33（3）：517-548.

[60] 周均亮.中国广义多孔菌属及其近缘属真菌的分类与系统发育研究 [D]. 北京：北京林业大学，2017.

[61] 邓树方.中国南方裸脚伞属分类暨小皮伞科真菌资源初步研究 [D]. 广州：华南农业大学，2016.

[62] 宋斌，邓春英，吴兴亮，等.中国小皮伞属已知种类及其分布 [J]. 贵州科学，2009，27（1）：1-18.

[63] 应建浙，卯晓岚，马启明，等.中国药用真菌图鉴 [J]. 中国科学院微生物研究所，1987：579.

[64] 刘广海.碧峰峡风景区大型真菌多样性研究 [D]. 成都：四川农业大学，2010.

[65] 龚斌，罗宗龙，唐松明，等.苍山国家级自然保护区鹅膏菌属真菌资源调查 [J]. 大理大学学报，2016，1（6）：3.

[66] 罗国涛，张文泉.贵州黔东南大型真菌Ⅲ [J]. 贵州科学，2019，37（5）：5.

[67] 罗国涛，张文泉.贵州黔东南大型真菌Ⅱ [J]. 贵州科学，2017，35（1）：5.

[68] 罗国涛.贵州黔东南大型真菌Ⅰ [J]. 贵州科学，2016，34（1）：6.

[69] 张明.华南地区牛肝菌科分子系统学及中国金牛肝菌属分类学研究 [D]. 广州：华南理工大学，2016.

[70] 马明，冯云利，汤昕明，等.鸡足山自然保护区大型真菌多样性研究 [J]. 中国食用菌，2019，38（3）：4.

[71] 李树红，柴红梅，苏开美，等.剑川县野生菌资源及可持续发展潜力研究 [J]. 中国食用菌，2010，29（5）：7-11.

[72] 张俊波.江西部分地区大型真菌资源调查与系统学研究 [D]. 南昌：江西农业大学，2019.

[73] 马瑜，申坚定，陈培育，等.南阳老界岭自然保护区野生食用菌调查简报 [J]. 食用菌，2016，38（4）：12-13.

[74] 彭卫红，甘炳成，谭伟，等.四川省龙门山区主要大型野生经济真菌调查 [J]. 西南农业学报，2003（1）：36-41.

[75] 聂阳.泰山大型真菌物种多样性研究 [D]. 济南：山东农业大学，2016.

[76] 冯云利，汤昕明，杨珍福，等.云南磨盘山国家森林公园大型真菌资源初步调查 [J]. 食用菌学报，2018，25（1）：9.

[77] 陈锡林，熊耀康，吕圭源，等.浙江菌类药资源调查及利用研究初报 [J]. 中国野生植物资源，2000，19（1）：4.

[78] 戴玉成.中国多孔菌名录 [J]. 菌物学报，2009，28（3）：315-327.

[79] 李泰辉，宋斌.中国牛肝菌已知种类 [J]. 贵州科学，2003，21（1）：9.

[80] 李泰辉，宋斌.中国食用牛肝菌的种类及其分布 [J]. 食用菌学报，2002，9（2）：22-30.

[81] 陈光富.大型真菌担孢子形态观察常用方法简述 [J]. 园艺与种苗，2019，39（3）：3.

[82] 张晓艳，李洪山.恩施州食用菌产业发展模式及对精准扶贫的重要性分析 [J]. 中国食用菌，2020，39（5）：5.

[83] 于斌武，张文学，柳文录.湖北恩施州食用菌产业发展研究 [J]. 中国食用菌，2007，26

（4）：3.

[84] 王锋尖，周向宇，潘坤 . 十堰市野生食用菌资源调查 [J]. 食用菌学报，2018，25（1）：88–92.

[85] 普布多吉，王科，马超，等 . 西藏牛肝菌物种资源概述 [J]. 食用菌学报，2018，25（2）：29.

[86] 吴芳，袁海生，周丽伟，等 . 中国华南地区多孔菌多样性研究（英文）[J]. 菌物学报，2020，39（4）：30.

[87] 余海尤，麻兵继，张彪，等 . 伏牛山大型真菌资源（Ⅰ）[J]. 食用菌，2009（4）：2.

[88] 申进文，决超，徐柯，等 . 伏牛山大型真菌资源（Ⅴ）[J]. 食用菌，2011，33（1）：12–13.

[89] 陈振妮，陈丽新，韦仕岩，等 . 广西大明山自然保护区野生菌资源可持续利用研究 [J]. 南方园艺，2014，25（4）：3.

[90] 姜守忠，吴兴亮 . 中国常见真菌的识别 [J]. 生物学通报，1987（3）：8–12.

[91] 金鑫 . 中国广义球盖菇科几个属的分类学研究 [D]. 长春：吉林农业大学，2012.

[92] 图力古尔 . 吉林省担子菌补记（一）[J]. 吉林农业大学学报，2000，22（2）：47–50.

[93] 李海蛟，何双辉 . 多孔菌三个中国新记录种 [J]. 菌物学报，2014，33（5）：9.

[94] 王锋尖，潘坤，江爱明 . 采自湖北省的粉褶菌属中国新记录种：石墨粉褶菌 [J]. 华中师范大学学报（自然科学版），2018，52（4）：5.

[95] 耿荣，耿增超，黄建，等 . 秦岭辛家山林区锐齿栎外生菌根真菌多样性 [J]. 菌物学报，2016，35（7）：15.

[96] 戴玉成，周丽伟，杨祝良，等 . 中国食用菌名录 [J]. 菌物学报，2010，29（1）：1–21.

[97]J García–Jiménez, Garza–Ocanas F, Fuente J, et al. Three new records of Aureoboletus Pouzar (Boletaceae, Boletales) from Mexico[J]. Check List, 2019, 15(5):759–765.

[98]Takahashi H. Marasmius brunneospermus, a new species of Marasmius section Globulares from central Honshu, Japan[J]. Mycoscience, 1999, 40(6):477–481.

[99]Liu L N, Wu L, Chen Z H, et al. The species of Lentaria (Gomphales, Basidiomycota) from China based on morphological and molecular evidence[J]. Mycological Progress, 2017, 16(6):605–612.

[100]Das K, Ghosh A, Chakraborty D, et al. Fungal Biodiversity Profiles 31–40[J]. Cryptogamie Mycologie, 2017, 38(3):353–406.

[101]Agnon H L, Jabeen S, Naseer A, et al. Three new species of Inosperma (Agaricales, Inocybaceae) from Tropical Africa[J]. MycoKeys, 2021, 77(1):97–116.

[102] Saba M, Khan J, Sarwar S, et al. Gymnopus barbipes and G. dysodes, new records for Pakistan[J]. Mycotaxon –Ithaca Ny–, 2020, 135(1):203–212.

[103]Buyck B, Hofstetter V, Ryoo R, et al. New Cantharellus species from South Korea[J]. MycoKeys, 2020, 76:31–47.

[104]Wang P M, Yang Z L . Two new taxa of the Auriscalpium vulgare species complex with substrate preferences[J]. Mycological Progress, 2019, 18(5):641–652.

[105] Khatua S, Roy T, Acharya K . Antioxidant and free radical scavenging capacity of phenolic extract from Russula laurocerasi[J]. Asian Journal of Pharmaceutical & Clinical Research, 2013, 6(4):156–160.

中文名索引

阿玛拉小脆柄菇..................288

暗柄环柄菇..................219

暗盖淡鳞鹅膏..................031

暗褐新牛肝菌..................256

暗红团网菌..................407

暗灰红褶菌..................078

奥氏囊小伞..................108

白柄鹅膏..................012

白柄光柄菇..................278

白果红菇..................325

白蜡多年卧孔菌..................385

白鳞马勃..................228

白绒拟鬼伞..................094

白霜杯伞..................079

白秃马勃..................060

白赭多年卧孔菌..................263

斑柄红菇..................328

斑粉金钱菌..................303

斑盖褶孔牛肝菌..................269

苞脚鹅膏..................036

薄蜂窝孔菌..................156

薄皮干酪菌..................383

柄生粉褶蕈..................126

波纹伪干朽菌..................295

伯氏红菇..................309

布氏丝膜菌..................096

蔡氏轮层炭壳菌..................390

草地拱顶伞..................102

草地横膜马勃..................230

超群紫盖牛肝菌..................356

朝鲜多孔菌..................282

成堆假伞..................296

橙红二头孢盘菌..................391

橙黄鹅膏..................013

橙黄革菌..................364

橙黄红菇..................307

橙黄疣柄牛肝菌..................203

齿贝拟栓菌..................365

赤黄红菇..................314

赤芝..................138

臭红菇..................319

臭味裸柄伞..................147

杵柄鹅膏..................033

纯白小皮伞..................234

刺鳞鳞环柄菇..................114

粗糙鳞盖菇..................105

粗糙拟迷孔菌..................110

粗环点革菌..................298

簇生垂幕菇..................166

簇生鬼伞..................089

脆珊瑚菌..................072

大孢滑锈伞..................155

大孢硬皮马勃..................345

大蝉草..................395

大盖兰茂牛肝菌..................201

大红菇..................306

大金钱菌属中的一种..................243

大理蘑菇..................004

大囊小皮伞..................238

大型小皮伞..................239

带褐白环蘑 222

袋形地星 140

淡红粉末牛肝菌 297

淡环鹅膏 024

淡黄多年卧孔菌 263

淡黄褐卧孔菌 134

淡黄丝盖伞 169

淡蓝盘菌 397

淡玫红鹅膏 025

地生炭角菌 405

点柄乳牛肝菌 359

东方耳匙菌 043

东方球果伞 350

东亚乳菇 183

多变光柄菇 280

多变红菇 339

多环鳞伞 268

多毛丝盖伞 167

多色杯伞 080

多纹裸脚伞 084

多汁乳菇 196

耳匙菌 044

二孢拟奥德蘑 163

反卷拟蜡孔菌 067

方形粉褶蕈 124

芳香丝盖伞 174

肺形侧耳 277

粉红白环蘑 222

粉红铆钉菇 143

粉绿多汁乳菇 197

粉色鹅膏 016

粉褶菌属中的一种 115

粪生黄囊菇 109

辐毛小鬼伞 091

干净鹅膏 015

刚毛丝毛伏革菌 165

高大鹅膏 027

格纹鹅膏 017

铬黄靴耳 097

古巴炭角菌 403

光滑薄毛盘菌 401

光囊假皮伞 294

光硬皮马勃 346

鬼笔属中的一种 265

贵州蘑菇 006

桂花耳 144

褐果小皮伞 235

褐环乳牛肝菌 361

褐黄裸柄伞 149

褐黄小脆柄菇 291

褐毛地星 139

褐圆孔牛肝菌 152

黑斑厚瓤牛肝菌 159

黑斑绒盖牛肝菌 054

黑柄多孔菌属中的一种 273

黑耳 130

黑毛白环蘑 223

黑牛皮叶 400

黑皮环柄菇 216

亨氏粉褶蕈 119

红白红菇 331

红盖白环蘑 224

红盖兰茂牛肝菌 202

红菇属中的一种 312

红菇属中的一种 322

红菇属中的一种 338

红褐鹅膏 023

红色红菇 330

红汁乳菇 186

红汁小菇 253

厚集毛菌 086

花盖红菇 317

花脸香蘑 220

滑皮乳牛肝 360

桦褶孔菌...............................212
环柄菇属中的一种...............215
环纹鹅膏...............................038
皇簇菇...................................011
黄斑绿菇...............................316
黄盖鹅膏...............................035
黄盖小脆柄菇.......................063
黄褐黑斑根孔菌...................272
黄环鹅膏...............................014
黄脚粉孢牛肝菌...................153
黄蜡鹅膏...............................020
黄鳞小菇...............................227
黄瘤孢菌...............................393
黄脉鬼笔...............................266
黄美乳菇...............................189
黄拟金钱菌...........................082
黄拟口蘑...............................378
黄色白鬼伞...........................226
黄小鹅膏...............................022
黄小蜜环菌...........................039
黄褶裸伞...............................150
灰盖铦囊蘑...........................245
灰褐湿伞...............................162
灰花纹鹅膏...........................018
灰环口蘑...............................375
灰雀伞...................................299
灰褶鹅膏...............................019
灰紫粉褶蕈（参照种）.......128
吉林拟鬼伞...........................092
极细粉褶蕈...........................123
极香黏滑菇...........................154
假褐云斑鹅膏.......................028
假硫色口蘑...........................376
假肉色珊瑚菌.......................073
假紫红蘑菇...........................009
假紫鳞环柄菇.......................218
尖顶丝盖伞...........................172

尖锥形湿伞...........................160
坚壳田头菇...........................010
坚肉牛肝菌...........................052
胶质刺银耳...........................292
洁小菇...................................255
金盖鳞伞...............................264
金黄柄牛肝菌.......................050
金条孢牛肝菌.......................056
锦带花纤孔菌.......................343
近大西洋乳菇.......................191
近短柄乳菇...........................192
近黑灰盖孔菌.......................250
近黑紫红菇...........................333
近灰盖铦囊蘑.......................244
近裸裸脚伞...........................085
近毛脚乳菇...........................193
近葡萄酒色红菇...................305
近浅赭红菇...........................336
近网柄多孔菌.......................285
近缘小孔菌...........................248
晶粒小鬼伞...........................090
晶紫锁瑚菌...........................075
酒红褐红菇...........................341
酒红球盖菇...........................353
巨大小皮伞...........................236
巨囊伞...................................232
具泪白环蘑...........................221
卷边桩菇...............................262
菌索蘑菇...............................007
糠鳞小腹蕈...........................249
克什米尔铦囊蘑...................246
空柄根伞...............................301
空柄乳牛肝菌.......................358
口蘑属中的一种...................377
宽柄小皮伞...........................237
宽褶大金钱菌.......................242
宽褶黑乳菇...........................199

拉汗帕利红菇..............................323

蜡质红菇..................................310

兰氏拟鬼伞................................093

蓝柄粉褶蕈................................116

泪褶毡毛脆柄菇............................182

冷杉附毛菌................................374

李玉乳菇..................................187

理坡瑞多孔菌..............................284

栎裸角菇..................................146

栎圆头伞..................................111

栗褐多孔菌................................267

栗色环柄菇................................214

粒表金牛肝菌..............................045

亮褐柄杯菌................................281

裂皮鹅膏..................................029

裂褶菌....................................344

鳞蜡多孔菌................................068

硫黄干酪菌................................384

漏斗多孔菌................................211

罗梅尔红菇................................328

绿盖裘氏牛肝菌............................070

绿桂红菇..................................342

马尾拟层孔菌..............................131

莽山多孔菌................................283

毛木耳....................................042

毛韧革菌..................................348

毛栓孔菌..................................368

毛头鬼伞..................................095

毛腿库恩菇................................180

毛腿拟湿柄伞..............................293

毛缘菇....................................304

茂盛裸柄伞................................148

玫瑰红菇..................................329

玫色粉褶蕈................................125

梅内胡裸脚伞..............................083

美洲丛耳菌................................402

迷惑马勃..................................227

米勒红盘菌................................398

米梅栓菌..................................369

密褶红菇..................................318

蜜环菌....................................040

蜜黄菇....................................313

绵阳炭角菌................................406

木生球盖菇................................355

穆氏粉褶蕈................................120

奶油色红菇................................315

奶油栓孔菌................................101

耐冷白齿菌................................347

拟臭黄菇..................................324

拟黑柄黑斑根孔菌..........................274

拟纤维丝盖伞..............................168

拟星孢丝盖伞..............................173

黏盖乳牛肝菌..............................357

黏靴耳....................................098

欧姆斯乳菇................................190

帕氏木瑚菌................................209

皮尔森小菇................................254

皮壳软盘菌................................394

漆柄小孔菌................................371

脐状皮孔菌................................286

铅色短孢牛肝菌............................151

翘鳞蛋黄丝盖伞............................175

翘鳞香菇..................................210

球孢靴耳..................................099

球果伞属中的一种..........................351

球基鹅膏..................................034

球基蘑菇..................................003

裘氏红姑..................................311

任氏黑蛋巢菌..............................104

日本粉褶蕈................................121

日本红菇..................................321

绒盖条孢牛肝菌............................387

绒马鞍菌..................................392

绒毛波斯特孔菌............................287

绒皮地星 141
柔软细长孔菌 213
乳白蛋巢菌 100
乳酪状红金钱菌 302
软异薄孔菌 281
锐棘秃马勃 062
锐鳞环柄菇 113
萨摩亚银耳 373
三河新棱孔菌 257
勺形亚侧耳 158
深褐褶菌 142
深色环伞 106
石墨粉褶菌 118
实心鸟巢菌 258
似浅肉色拟层孔菌 132
树皮生锐孔菌 260
树舌灵芝 136
双色牛肝菌 048
丝盖白环蘑 225
丝盖伞属中的一种 171
丝盖伞属中的一种 176
丝盖伞属中的一种 179
斯氏炭角菌 404
四角孢丝盖伞 177
蒜头状微菇 241
梭孢环柄菇 217
梭伦小剥管孔菌 275
桃红侧耳 276
桃红菇 327
天蓝红菇 308
铦囊蘑属中的一种 247
条盖盔孢伞 135
铜色牛肝菌 103
头花革菌 363
头状秃马勃 061
涂擦球盖菇 354
团炭角菌 403

脱皮大环柄菇 233
网纹马勃 229
网纹牛肝菌 055
微黄木瑚菌 207
微茸松塔牛肝菌 349
微小脆柄菇 289
微紫柄红菇 340
魏氏集毛孔菌 087
污白松果菇 352
无华梭孢伞 041
稀茸光柄菇 279
稀褶黑菇 326
膝曲丝盖伞 170
细丛卷毛柄蘑菇 005
细顶枝瑚菌 300
细褐鳞蘑菇 008
细脚虫草 389
细丽半小菇 157
细长棘刚毛菌 112
下垂线虫草 396
夏季灰球 057
鲜艳乳菇 195
香菇 208
小孢褶孔菌 270
小豹斑鹅膏 026
小脆柄菇属中的一种 290
小粉瘤菌 408
小果蚁巢伞 362
小红肉杯菌 399
小火焰拟口蘑 379
小条孢牛肝菌 046
小棕孔菌 058
楔盖假花耳 110
楔囊锐孔菌 261
辛格锥盖伞 088
新苦粉孢牛肝菌 382
熊果疣柄牛肝菌 204

血红菇 332
血红铆钉菇 071
血红绒牛肝菌 051
血红栓孔菌 370
雅致栓孔菌 367
亚臭红菇 334
亚硫黄红菇 337
亚稀褶红菇 335
烟管菌 049
烟色离褶伞 231
一色齿毛菌 069
异褶红菇 320
荫生丝盖伞 178
银丝草菇 386
尤氏粉褶菌 117
疣柄牛肝属中的一种 205
有柄树舌 137
缘囊体乳菇 184
悦色拟锁瑚菌 076
云南褶孔牛肝菌 271
云芝栓孔菌 372
臧氏金牛肝菌 047
粘胶角耳 059
长柄梨形马勃 228

长柄小菇 252
长发网菌 409
长根菇 164
长绒多汁乳菇 198
长条棱鹅膏 021
赭白畸孢孔菌 381
赭盖鹅膏 030
赭红拟口蘑 380
枝生裸脚伞 150
中国美味牛肝菌 053
中华鹅膏 032
肿黄皮菌 133
皱盖囊皮菌 107
皱盖疣柄牛肝菌 206
皱锁瑚菌 077
皱纹马鞍菌 392
朱红密孔菌 366
竹林蛇头菌 251
砖红绒盖牛肝菌 388
锥鳞白鹅膏 037
锥形湿伞 161
紫红皮伞 240
紫晶蜡蘑 181
佐林格珊瑚菌 074

拉丁名索引

Agaricus abruptibulbus 003

Agaricus daliensis 004

Agaricus flocculosipes 005

Agaricus guizhouensis 006

Agaricus lanipes 007

Agaricus moelleri 008

Agaricus parasubrutilescens 009

Agrocybe putaminum 010

Agrocybe smithii 011

Amanita albidostipes 012

Amanita citrina 013

Amanita citrinoannulata 014

Amanita detersa 015

Amanita fense 016

Amanita fritillaria.......................................017

Amanita fuliginea 018

Amanita griseofolia 019

Amanita kitamagotake 020

Amanita longistriata 021

Amanita luteoparva 022

Amanita orsonii 023

Amanita pallidorosea 025

Amanita pallidozonata 024

Amanita parvipantherina 026

Amanita princeps 027

Amanita pseudoporphyria 028

Amanita rimosa 029

Amanita rubescens......................................030

Amanita sepiacea.......................................031

Amanita sinensis 032

Amanita sinocitrina 033

Amanita subglobosa 034

Amanita subjunquillea..................................035

Amanita virgineoides....................................037

Amanita volvata 036

Amanita zonata 038

Arcyria denudata 407

Armillaria cepistipes 039

Armillaria mellea.......................................040

Atractosporocybe inornata 041

Aureoboletus roxanae 045

Aureoboletus shichianus 046

Aureoboletus zangii 047

Auricularia cornea 042

Auriscalpium orientale 043

Auriscalpium vulgare 044

Bjerkandera adusta 049

Bol e tus bicolor 048

Boletellus chrysenteroides 056

Boletus auripes 050

Boletus flammans.......................................051

Boletus fraternus 052

Boletus meiweiniuganjun 053

Boletus nigromaculatus 054

Boletus reticulatus 055

Bovista aestivalis 057

Brunneoporus malicola 058

Calocera viscosa 059

Calvatia candida 060

Calvatia craniiformis 061

Calvatia holothurioides 062

Candolleomyces candolleanusä 063

Candolleomyces sulcatotuberculosusä 064

Cantharellus applanatus 065

Cantharellus hygrophoroides 066

Cerioporus squamosus 068

Ceriporiopsis semisupina 067

Cerrena unicolor 069

Chiua virens 070

Chroogomphus rutilus 071

Clavaria fragilis 072

Clavaria pseudoincarnata 073

Clavaria zollingeri 074

Clavulina amethystina 075

Clavulina rugosa 077

Clavulinopsis laeticolor 076

Clitocella obscura á 078

Clitocybe dealbata 079

Clitocybe subditopoda 080

Collybia brunneola 081

Collybiopsis fulva 082

Collybiopsis menehune 083

Collybiopsis polygramma 084

Collybiopsis subnuda 085

Coltricia crassa 086

Coltricia weii 087

Conocybe singeriana 088

Coprinellus disseminatus 089

Coprinellus micaceus 090

Coprinopsis jilinensis 092

Coprinopsis laanii 093

Coprinopsis lagopus 094

Coprinus comatus 095

Cordyceps tenuipes 389

Cortinarius bridgei 096

Crepidotus crocophyllus 097

Crepidotus mollis 098

Crepidotus sphaerosporus 099

Crucibulum laeve 100

Cubamyces lactineus 101

Cuphophyllus pratensis 102

Cupreoboletus poikilochromus 103

Cyathus renweii 104

Cyclocybe erebia 106

Cyptotrama asprata 105

Cystoderma amianthinum 107

Cystolepiota oliveirae 108

Dacryopinax sphenocarpa 110

Daedaleopsis confragosa 110

Daldinia childiae 390

Deconica merdaria 109

Descolea quercina 111

Dicephalospora rufocornea 391

Echinochaete russiceps 112

Echinoderma asperum 113

Echinoderma echinacea 114

Entoloma ammophilum 115

Entoloma cyanostipitum 116

Entoloma eugenei 117

Entoloma graphitipes 118

Entoloma henricii 119

Entoloma mougeotii 120

Entoloma nipponicum 121

Entoloma praegracile 123

Entoloma quadratum 124

Entoloma roseotinctum 125

Entoloma stylophorum 126

Entoloma tricholomatoideum 127

Entoloma velutinum 122

Entoloma yanacolor 129

Entolomacf. violaceum 128

Exidia glandulosa 130

Fomitopsis massoniana 131

Fomitopsis subfeei 132

Fulvoderma scaurum 133

Fuscoporia gilva 134

Galerina sulciceps 135

Ganoderma applanatum 136

Ganoderma gibbosum 137

Ganoderma lucidum 138

Geastrum brunneocapillatum 139

Geastrum saccatum 140

Geastrum velutinum 141

Gloeophyllum sepiarium 142

Gomphidius roseus 143

Guepinia helvelloides 144

Gymnopilus luteofolius 150

Gymnopus dryophilus 146

Gymnopus dysodes 147

Gymnopus earleae 145

Gymnopus luxurians 148

Gymnopus ocior 149

Gymnopus ramulicola 150

Gyrodon lividus 151

Gyroporus castaneus 152

Harrya chromapes 153

Hebeloma odoratissimum 154

Hebeloma sacchariolens 155

Helvella rugosa 392

Helvella tomentosa 392

Hemimycena gracilis 157

Hexagonia tenuis 156

Hohenbuehelia petaloides 158

Hourangia nigropunctata 159

Hygrocybe acutoconica 160

Hygrocybe conica 161

Hygrocybe griseonigricans 162

Hymenopellis radicata 164

Hymenopellis raphanipes 163

Hyphoderma setigerum 165

Hyphodiscus incrustatus 394

Hypholoma fasciculare 166

Hypomyces chrysospermus 393

Inocybe bongardii 167

Inocybe fibrosoides 168

Inocybe flavella 169

Inocybe geniculata 170

Inocybe immigrans 179

Inocybe murina 171

Inocybe napipes 172

Inocybe pseudoasterospora 173

Inocybe redolens 174

Inocybe squarrosolutea 175

Inocybe suaveolens 176

Inocybe tetragonospora 177

Inocybe umbratica 178

Isaria cicadae 395

Kuehneromyces mutabilis 180

Laccaria amethystina 181

Lacrymaria lacrymabunda 182

Lactarius asiae-orientalis 183

Lactarius cheilocystidiatus 184

Lactarius crassus 194

Lactarius hatsudake 186

Lactarius liyuanus 187

Lactarius mirus 189

Lactarius oomsisiensis 190

Lactarius parallelus 185

Lactarius subatlanticus 191

Lactarius subbrevipes 192

Lactarius subhirtipes 193

Lactarius vividus 195

Lactifluus gerardii 199

Lactifluus glaucescens 197

Lactifluus luteolamellatus 188

Lactifluus pilosus 198

Lactifluus quercicola 200

Lactifluus volemus 196

Lanmaoa macrocarpa 201

Lanmaoa rubriceps...202

Leccinellum pseudoscabrumš...........................205

Leccinellum rugosiceps 206

Leccinum aurantiacum 203

Leccinum manzanitae 204

Lentaria byssiseda 207

Lentaria patouillardii 209

Lentinula edodes 208

Lentinus arcularius...211

Lentinus squarrosulus 210

Lenzites betulinus 212

Lepiota castaneaé 214

Lepiota flammeotincta 215

Lepiota fuliginescens 216

Lepiota magnispora...217

Lepiota pseudolilacea......................................218

Lepiota thrombophora......................................219

Lepista sordida 220

Leptoporus mollis 213

Leucoagaricus dacrytus 221

Leucoagaricus infuscatus 222

Leucoagaricus marriagei 222

Leucoagaricus melanotrichus 223

Leucoagaricus rubrotinctus 224

Leucoagaricus serenus 225

Leucocoprinus birnbaumii 226

Leucoinocybe auricoma 227

Lycogala exiguum..408

Lycoperdon decipien..227

Lycoperdon excipuliforme 228

Lycoperdon mammiforme 228

Lycoperdon perlatum.......................................229

Lycoperdon pratense 230

Lyophyllum decastes..231

Macrocystidia cucumis.....................................232

Macrolepiota detersa.......................................233

Marasmiellus candidus....................................234

Marasmius brunneospermus 235

Marasmius grandiviridis 236

Marasmius laticlavatus 237

Marasmius macrocystidiosus 238

Marasmius maximus 239

Marasmius pulcherripes...................................240

Megacollybia clitocyboidea 242

Megacollybia marginata 243

Melanoleuca aff. cinereifolia 244

Melanoleuca cinereifolia..................................245

Melanoleuca kashmirensis 246

Melanoleuca tristis 247

Microporus affinis 248

Micropsalliota furfuracea 249

Murinicarpus subadustus 250

Mutinus bambusinus..251

Mycena amicta..252

Mycena haematopus 253

Mycena pearsoniana 254

Mycena pura 255

Mycetinis scorodonius 241

Neoboletus obscureumbrinus 256

Neofavolus mikawai 257

Nidularia deformis 258

Ophiocordyceps nutans 396

Oudemansiela roseopallida..............................259

Oxyporus corticola 260

Oxyporus cuneatus 261

Paxillus involutus 262

Perenniporia medulla-panis 263

Perenniporia ochroleuca..................................263

Peziza saniosa 397

Phaeolepiota aurea...264

Phallus cremeo-ochraceus 265

Phallus flavocostatus.......................................266

Phellinotus badius 267

Pholiota multicingulata 268

Phylloporus maculatus 269

Phylloporus parvisporus 270

Phylloporus yunnanensis...................................271

Picipes badius 272

Picipes subdictyopus 273

Picipes submelanopus 274

Piptoporellus soloniensis 275

Plectania milleri 398

Pleurotus djamor 276

Pleurotus pulmonarius 277

Pluteus albostipitatus 278

Pluteus tomentosulus 279

Pluteus varius 280

Podofomes mollis 281

Podoscypha fulvonitens 281

Polyporus koreanus 282

Polyporus leprieurii 284

Polyporus mangshanensis 283

Polyporus subdictyopus......................................285

Porotheleum omphaliiforme...............................286

Postia hirsuta 287

Psathyrella amaura 288

Psathyrella pygmaea 289

Psathyrella ramicola 290

Psathyrella subnuda 291

Pseudohydnum gelatinosum 292

Pseudohydropus floccipes 293

Pseudomarasmius glabrocystidiatus..................294

Pseudomerulius curtisii 295

Pseudosperma sororium.....................................296

Pulveroboletus subrufus 297

Punctularia strigosozonata 298

Pyrrhulomyces astragalinus...............................299

Ramaria gracilis 300

Rhizocybe vermicularis 301

Rhodocollybia butyracea.....................................302

Rhodocollybia maculata......................................303

Ripartites tricholoma..304

Russula alutacea..306

Russula aurantioflava..307

Russula azurea...308

Russula burlinghamiae...309

Russula cerea...310

Russula chiui..311

Russula chlorineolens...312

Russula citrina...313

Russula compacta...314

Russula cremicolor...315

Russula crustosa...316

Russula cyanoxantha..317

Russula densifolia...318

Russula foetens...319

Russula heterophylla..320

Russula japonica 321

Russula laccata...322

Russula lakhanpalii...323

Russula laurocerasi...324

Russula leucocarpa...325

Russula nigricans..326

Russula persicina..327

Russula punctipes..328

Russula romellii..328

Russula rosacea...329

Russula rosea..330

Russula rubroalba 331

Russula sanguinea...332

Russula subatropurpurea 333

Russula subfoetens 334

Russula subnigricans...335

Russula subpallidirosea...336

Russula subsulphurea..337

Russula subvinosa 338

Russula variata..339

Russula vinosobrunnea......................341

Russula violeipes 340

Russula viridicinnamomea 342

Russulavinacea 305

Sanghuangporus weigelae.................343

Sarcoscypha occidentalis 399

Schizophyllum commune 344

Scleroderma bovista 345

Scleroderma cepa 346

Sistotrema brinkmannii 347

Stemonaria longa.........................409

Stereum hirsutum 348

Sticta fuliginosa 400

Strobilomyces subnudus 349

Strobilurus orientalis......................350

Strobilurus pachycystidiatus 351

Strobilurus trullisatus 352

Stropharia inuncta........................354

Stropharia lignicola.......................355

Stropharia rugosoannulata 353

Suillus bovinus...........................357

Suillus cavipes 358

Suillus granulatus 359

Suillus huapi 360

Suillus luteus.............................361

Sutorius eximius..........................356

Termitomyces microcarpus.................362

Thelephora anthocephala..................363

Thelephora aurantiotincta.................364

Trametes cervina 365

Trametes coccinea 366

Trametes elegans 367

Trametes hirsuta 368

Trametes mimetes 369

Trametes sanguinea 370

Trametes vernicipes 371

Trametes versicolor 372

Tremella samoensis........................373

Trichaptum abietinum.....................374

Tricharina glabra 401

Tricholoma cingulatum 375

Tricholoma hemisulphureum................376

Tricholoma sinoacerbum...................377

Tricholomopsis decora 378

Tricholomopsis flammula 379

Tricholomopsis rutilans 380

Truncospora ochroleuca....................381

Tylopilus neofelleus 382

Tyromyces chioneus 383

Tyromyces kmetii 384

Vanderbylia fraxinea 385

Volvariella bombycina.....................386

Wynnea americana 402

Xerocomus spadiceusé.....................388

Xerocomus subtomentosusé................387

Xylaria cubensis 403

Xylaria hypoxylon.........................403

Xylaria mianyangensis 406

Xylaria schweinitzii 404

Xylaria terricola..........................405